中等职业教育机械类专业改革创新教材

钳工技术基础与实训

主　编　冯　斌

副主编　薛　峰

参　编　包　慧　赵焰平　耿长胜

机　械　工　业　出　版　社

本书以钳工基本技能为引领，以图表为主要编写形式，内容简明扼要，便于实施教学与实训。本书主要内容包括钳工基本知识，钳工划线，锯削，錾削，锉削，钻孔、扩孔、锪孔和铰孔，攻螺纹和套螺纹，刮削，研磨，联接件的装配，工件铆接，综合练习。

本书可作为中等职业技术学校、技工学校、职业高中相关专业的教材，也可以作为培训机构和企业的培训教材，以及相关技术人员的参考用书。

图书在版编目(CIP)数据

钳工技术基础与实训/冯斌主编. —北京：机械工业出版社，2016.3（2024.2 重印）

中等职业教育机械类专业改革创新教材

ISBN 978-7-111-52903-3

Ⅰ.①钳…　Ⅱ.①冯…　Ⅲ.①钳工—中等专业学校—教材　Ⅳ.①TG9

中国版本图书馆 CIP 数据核字(2016)第 024691 号

机械工业出版社(北京市百万庄大街 22 号　邮政编码 100037)

策划编辑：汪光灿　责任编辑：王莉娜　责任校对：刘志文

封面设计：张　静　责任印制：刘　媛

涿州市般润文化传播有限公司印刷

2024年2月第1版第5次印刷

184mm×260mm・10.75 印张・254 千字

标准书号：ISBN 978-7-111-52903-3

定价：29.80 元

电话服务　　网络服务

客服电话：010-88361066　　机　工　官　网：www.cmpbook.com

010-88379833　　机　工　官　博：weibo.com/cmp1952

010-68326294　　金　书　网：www.golden-book.com

　机工教育服务网：www.cmpedu.com

preface 前言

本书是为贯彻《国务院关于加快发展现代职业教育的决定》精神，坚持中等职业学校实行“工学结合、校企合作”的人才培养模式，满足中等职业学校的教学要求而编写的。本书以“简明实用”为编写宗旨，适合工学交替的现场工作过程系统化的教学模式。

本书主要特点如下。

1. 符合新大纲要求，并以国家职业标准钳工四级资格的考核要求为依据，通过课题形式，循序渐进地介绍了钳工的基本知识与技能。

2. 根据职业学校学生的心理特点与认知规律，按照由简到难的顺序，设计一系列单元，并以课题的形式引导学生学习钳工理论知识，练习钳工技能，易于实现理实一体的教学。

3. 贯彻了“实用、够用、好用”的原则，对内容不做过高的难度要求，有利于学生自学和教师授课。

4. 以钳工操作过程为主线，以图表为主要编写形式，以实例分析为主，文字简明扼要。

本书共 12 个单元，任课教师可根据具体情况安排教学顺序与教学学时。建议教学学时参见下表。

序　号	单元名称	建议学时	序　号	单元名称	建议学时
单元一	钳工基本知识	4	单元七	攻螺纹和套螺纹	4
单元二	钳工划线	4	单元八	刮削	4
单元三	锯削	6	单元九	研磨	2
单元四	錾削	4	单元十	联接件的装配	4
单元五	锉削	16	单元十一	工件铆接	2
单元六	钻孔、扩孔、锪孔和铰孔	8	单元十二	综合练习	40
总计		98			

本书由江苏省靖江中等专业学校冯斌任主编并负责全书的统稿工作，由山东省章丘市第一职业中等专业学校薛峰任副主编，参与编写的还有江苏省靖江中等专业学校包慧、赵焰平和山东省章丘市第一职业中等专业学校耿长胜。

由于编者水平有限，书中错误和缺点在所难免，恳请广大读者批评指正。

编　者

contents

目录

绪 论

钳工是一种古老但永不淘汰的工种，因其经常在台虎钳上工作而得名。随着科技的进步，钳工的具体工作范围也在日益影响各个行业，特别是技术性较强的领域。钳工能利用各种手工工具和一些简单的电动工具或机电设备（钻床、砂轮机等）完成目前采用机械加工方法不太适宜或不能解决的工作。

钳工的主要课题

加工零件：一些采用机械方法不适宜或不能完成的加工，都可由钳工来完成。如零件加工过程中的划线、精密加工（如刮削、锉削、样板制作等）以及检验和修配等。

装配设备：把零件按机械设备的装配技术要求进行组件、部件装配和总装配，并经过调整、检验和试车等，使之成为合格的机械设备。

机器维修：当机械在使用过程中产生故障，出现损坏或长期使用后精度降低，影响使用时，也要通过钳工进行维护和修理。

工具的制造和修理：制造和修理各种工具、卡具、量具、模具和各种专业设备。

钳工的种类

随着机械加工业的发展以及生产率的不断提高，企业对钳工的专业化分工也越来越细，专业性的钳工应运而生，如划线钳工、机修钳工和工具钳工等。2004 年《国家职业标准》将钳工职业划分为普通钳工、机修钳工和工具钳工三类。

普通钳工：主要从事机器或部件的装配和调整工作以及一些零件的加工工作。

机修钳工：主要从事各种机械设备的维护修理工作。

工具钳工：主要从事工具、模具、量具及样板的制造和修理工作。

钳工操作技能

尽管钳工的分类不同，但钳工为完成各自岗位的工作，都必须掌握扎实的专业理论知识，并练就过硬的操作基本功。

钳工必须掌握测量、划线、錾削、锯削、锉削、钻孔、扩孔、锪孔、铰孔、攻螺纹、套螺纹、矫正和弯形、铆接、刮削、研磨、机器装配调试和设备维修等方面的技能。

本课程的学习方法

本课程是研究钳工专业技术理论知识，培训中级钳工的一门专业课，学习过程中应注意以下问题。

1）钳工又称为万能工种，其技术涉及面非常广泛，专业学科联系密切，故应提高认识。

2）本课程实践性很强，在学习过程中要辅以大量时间训练，以加深理解，提高技能。

3）工艺的制订具有很大的灵活性，在制订工艺方法时，应勤于观察，善于思考。

4）加强实践知识的积累，善于综合运用所学知识指导生产实践。

单元一 钳工基本知识

本单元主要内容为钳工的基本常识。通过本单元的学习，应该了解钳工工作场地、钳工常用机电设备和安全文明生产常识；认识钳工常用工具并学会正确使用；认识钳工常用量具并学会使用、维护和保养的方法。

课题一 钳工场地及常用设备

通过本课题的学习，应了解钳工工作场地布置、常用设备的名称和用途以及安全文明生产的知识。

钳工场地与常用设备见表 1-1。

表 1-1 钳工场地与常用设备

<table>
<tr><th>序号</th><th>名称</th><th>图 示</th><th>说 明</th></tr>
<tr><td>1</td><td>实习场地布置图</td><td>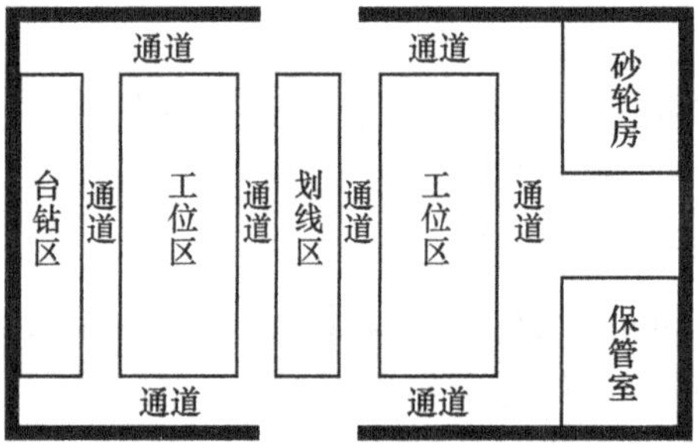
</td><td>钳工的工作场地就是钳工的固定工作地点。合理安排钳工场地是提高生产率和产品质量的一项重要措施，具体要求如下
（1）场地光线充足
（2）钻床、砂轮机安装在场地边沿</td></tr>
<tr><td>2</td><td>钳工工作台</td><td>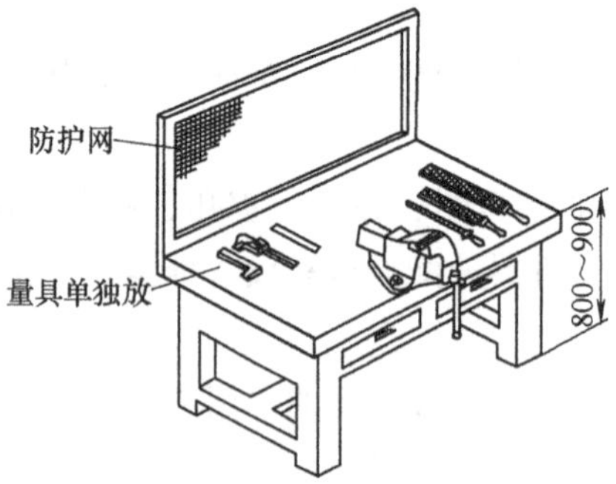
</td><td>钳工工作台简称钳台，用木料或钢铁材料制成，长宽根据工作需要而定
（1）钳工工作台要有足够的强度
（2）钳工工作台装有台虎钳
（3）钳工工作台要安装防护网
（4）钳工工作台要有抽屉以方便收藏工、量具及小型工件</td></tr>
<tr><td>3</td><td>工、量具摆放</td><td>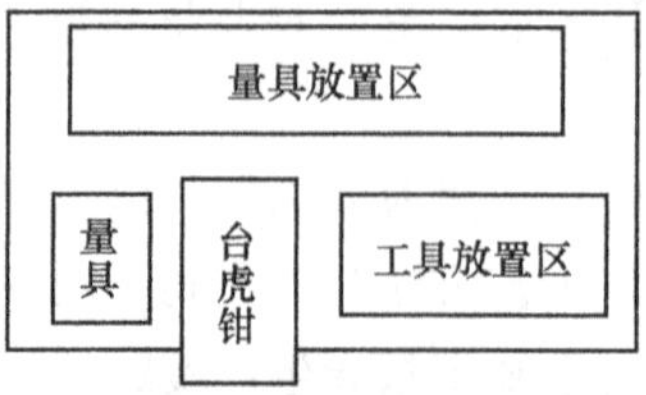
</td><td>钳工工作台上工、量具的摆放要求
（1）工、量具不得混放
（2）工具放置在钳工工作台右边且工具柄部均不得超出工作台面，以免碰落
（3）量具可放前面或左面</td></tr>
</table>

（续）

<table>
<tr><th>序号</th><th>名称</th><th>图　示</th><th>说　明</th></tr>
<tr><td>4</td><td>回转式台虎钳</td><td></td><td rowspan="2">台虎钳有固定式与回转式两种形式，其中回转式台虎钳的整个钳身可以回转，并能固定在任意角度，故较常用
台虎钳以钳口宽度来表示规格，常用的有100mm、125mm、150mm 等
台虎钳使用注意事项
（1）台虎钳安装必须正确、牢固
（2）工件应尽量装夹在台虎钳钳口的中部，以使钳口受力均衡
（3）只能用手扳紧手柄来夹紧工件。禁止用套筒接长手柄加力或用锤子敲击手柄，以防损坏台虎钳零件
（4）强力作业时，作用力的方向应朝向固定钳身
（5）严禁敲打活动钳身表面，以免损坏与固定钳身的配合性能
（6）丝杠、螺母要保持清洁，常加润滑油</td></tr>
<tr><td>5</td><td>固定式台虎钳</td><td>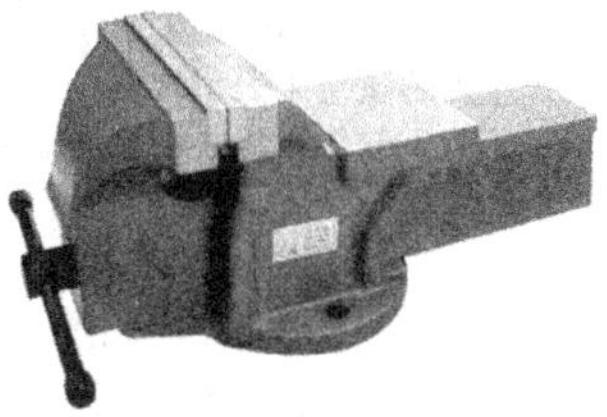</td></tr>
<tr><td>6</td><td>机用平口钳</td><td></td><td>机用平口钳又称机用虎钳，是一种通用夹具，常用于安装小型工件，钳工常用于钻床上
机用平口钳使用注意事项
（1）工件的被加工面必须高出钳口
（2）夹紧工件时应在钳口处垫上铜片
（3）刚性不足的工件需要支撑好，以免夹紧力使工件变形</td></tr>
<tr><td>7</td><td>台式钻床</td><td></td><td>台式钻床简称台钻，主要用于钻孔、扩孔，一般为手动进给，其转速由带轮调节获得。一般台钻的钻孔直径小于12mm
台钻使用安全注意事项
（1）禁止戴手套操作钻床
（2）禁止手拉或嘴吹钻屑
（3）禁止手持工件钻孔
（4）调整钻床和装卸工件须停车进行
（5）两人以上使用钻床，只准一人操作，一人负责安全</td></tr>
<tr><td>8</td><td>砂轮机</td><td>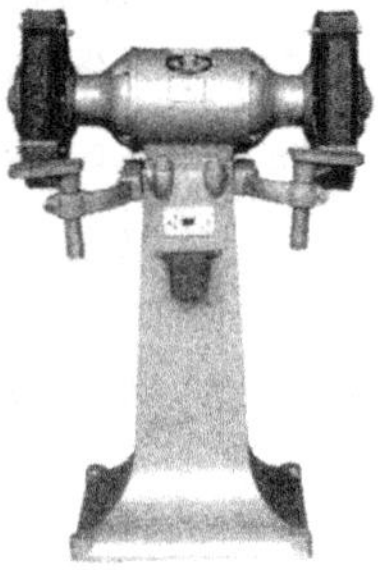</td><td>砂轮机是用来刃磨各种刀具、工具的常用设备
砂轮机使用安全注意事项
（1）砂轮机起动后，必须待转速正常后方可使用
（2）操作时应戴护目镜，禁止戴手套使用砂轮机
（3）刃磨时不得正对砂轮，应站在砂轮侧面或斜侧面位置，防止砂轮碎裂伤人
（4）禁止两人同时使用同一砂轮
（5）禁止单手持工件磨削</td></tr>
</table>

课题二　钳工常用工具

通过本课题的学习，应能认识常用的钳工工具，掌握其用途，学会常用钳工工具的正确使用方法。

常用钳工工具见表 1-2。

表 1-2　常用钳工工具

序号	名称	图　示	说　明
1	锤子		锤子一般分为硬头锤子和软头锤子 硬头锤子用碳素工具钢 T7 制成，一般用锤头的重量来表示规格 软头锤子的锤头是用铜、硬木、橡胶制成的，多用于装配和矫正工作
2	螺钉旋具		螺钉旋具用于旋紧或松开螺纹联接件，主要有一字螺钉旋具和十字螺钉旋具两种
3	套筒扳手	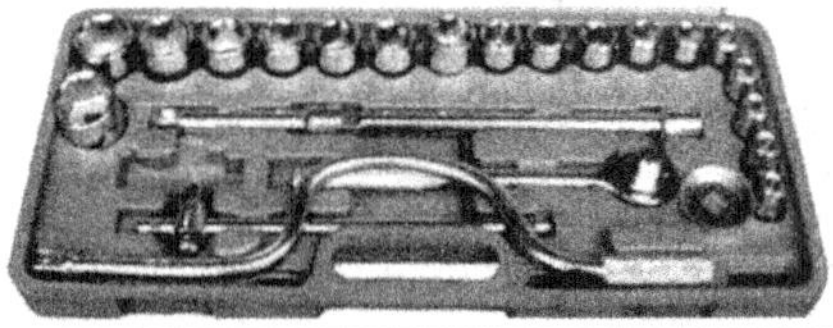	套筒扳手由多个带六角孔或十二角孔的套筒并配有手柄、接杆等附件组成，特别适用于拆装操作空间狭小或凹陷很深的螺栓或螺母
4	呆扳手		呆扳手一端或两端制有固定尺寸的开口，用以拧转一定尺寸的螺母或螺栓
5	梅花扳手		梅花扳手两端具有带六角孔或十二角孔的工作端，适用于工作空间狭小、不能使用呆扳手的场合
6	活扳手	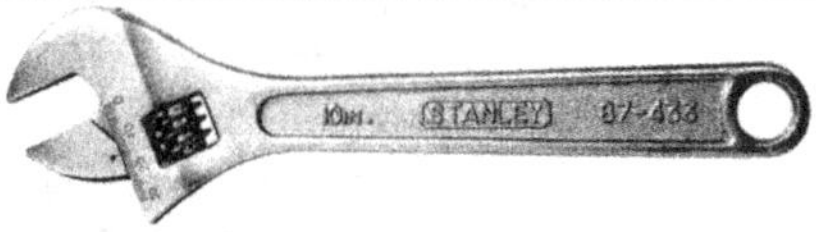	活扳手开口宽度可在一定尺寸范围内进行调节，能拧转不同规格的螺栓或螺母
7	内六角扳手		内六角扳手是成 L 形的六角棒状扳手，专用于拧转内六角螺栓。内六角扳手的型号是按照六方的对边尺寸来规定的，螺栓的尺寸有国家标准
8	老虎钳	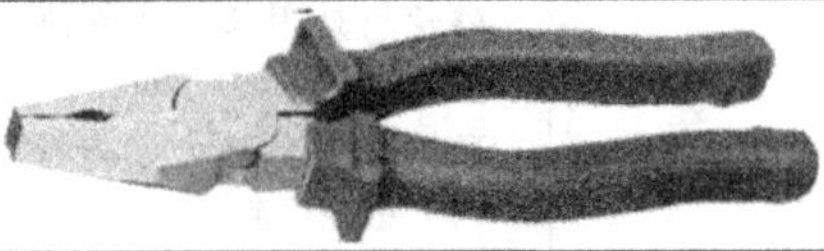	老虎钳也叫钢丝钳，多用来拔起钉子或夹断钉子和铁丝，分普通型和迷你型两种，普通型的有 7in⊖和 8in 等规格，迷你型的有 4in 等规格
9	尖嘴钳	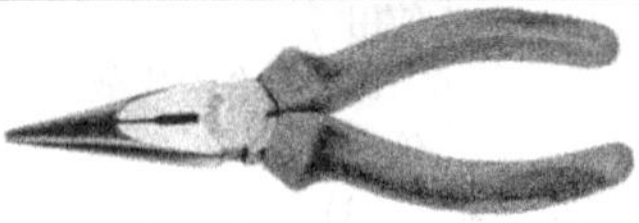	尖嘴钳又称尖头钳、修口钳，是用来在狭小的工作空间里夹持细小工件、剪切较小直径的线体，给导线的接头弯圈，剥除电线绝缘层的工具

⊖ 英寸，1in=25. 4mm

（续）

序号	名称	图示	说明
10	卡簧钳		卡簧钳是一种用来安装内簧环和外簧环的专用工具，钳头可采用内直、外直、内弯、外弯几种形式，用于装、拆簧环。卡簧钳分为外卡簧钳和内卡簧钳两大类
11	大力钳		大力钳主要用于夹持小型零件，是一种可以控制最小钳口尺寸且能自锁的钳子，其特点是钳口可以锁紧并产生很大的夹紧力，使被夹紧零件不会松脱，也可做扳手使用
12	管子钳	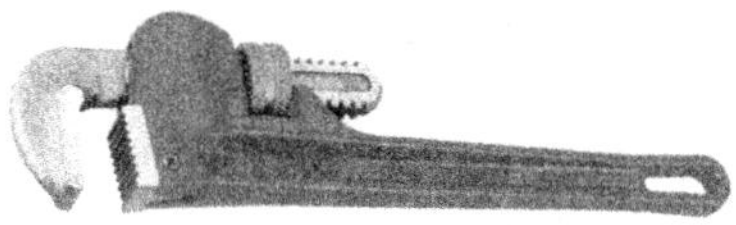	管子钳用来夹持和旋转钢管类工件，广泛用于石油管道和民用管道安装。它的工作原理是将钳力转换成扭力，用在扭动方向的力越大也就钳得越紧
13	顶拔器	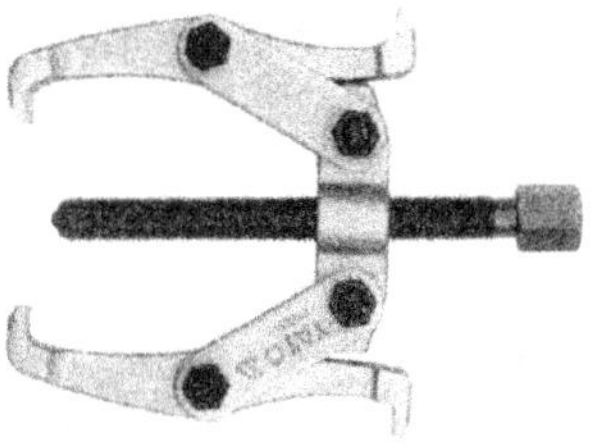	顶拔器是使轴承与轴相分离的拆卸工具，使用时用三个爪勾住轴承，然后旋转带有螺纹的顶杆，轴承就被缓缓拉出
14	钩头扳手		钩头扳手又称月牙形扳手，用于拧转厚度受限制的扁螺母等

课题三　钳工常用量具及使用方法

通过本课题的学习，应认识钳工常用量具的名称，熟悉其用途，并学会常用量具的正确使用和维护、保养方法。

钳工常用量具及使用方法见表 1-3。

表 1-3　钳工常用量具及使用方法

名称	说明	
金属直尺	外观结构	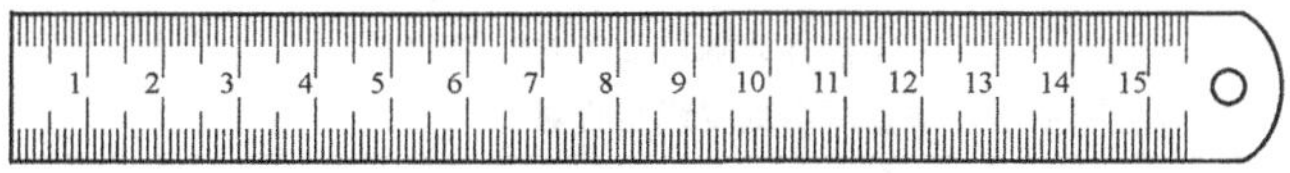
	规格说明	金属直尺是最简单的量具，用于测量零件的长度、宽度和高度等，由不锈钢制成，长度有 150mm、300mm、500mm 和 1000mm 四种规格，也可与划针等配合进行划线 使用注意事项：检查金属直尺的刻度、端面、刻度侧面有无缺陷或弯曲，并用棉纱把金属直尺擦干净

（续）

名称	说明		
金属直尺	金属直尺的使用	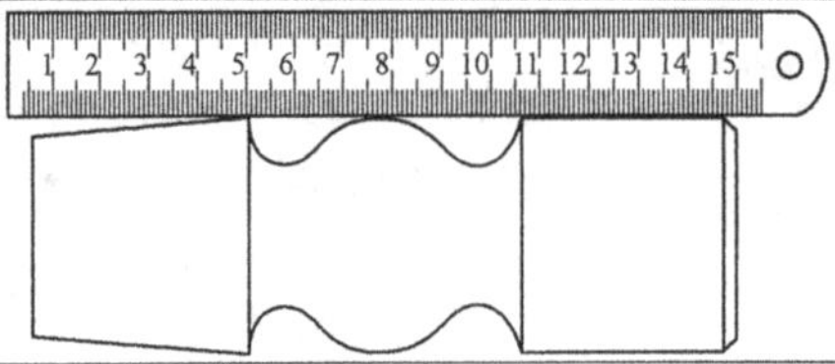	测量长度、宽度
		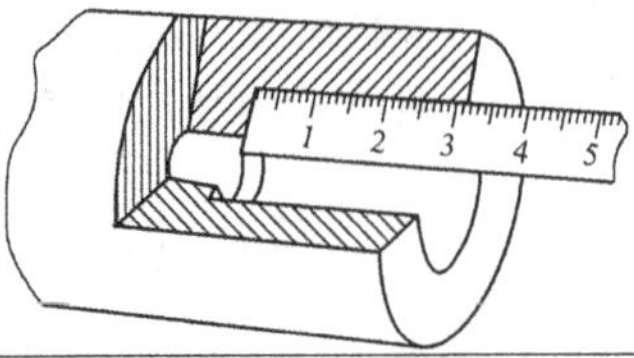	测量深度
		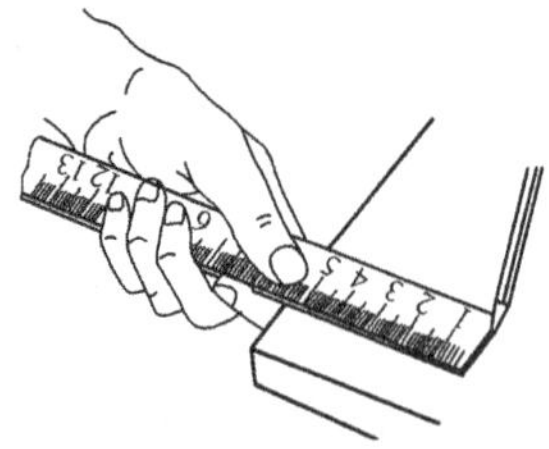	与划针配合划线
内外卡钳	内外卡钳的使用	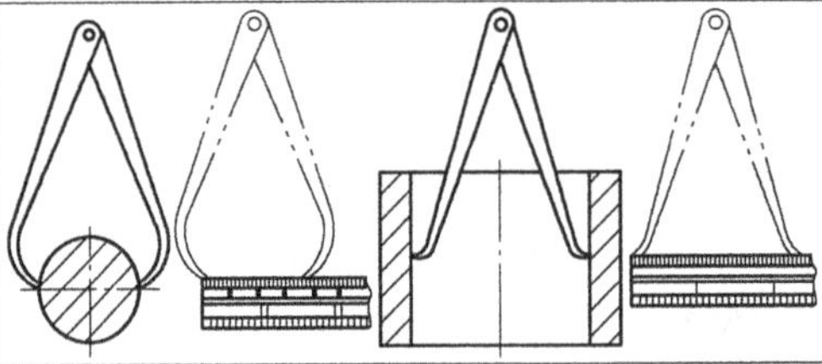	内外卡钳是最简单的比较量具，外卡钳用来测量外径和平面，内卡钳用来测量内径和凹槽，与金属直尺配合使用测得尺寸
游标卡尺	常用游标卡尺的结构和外观	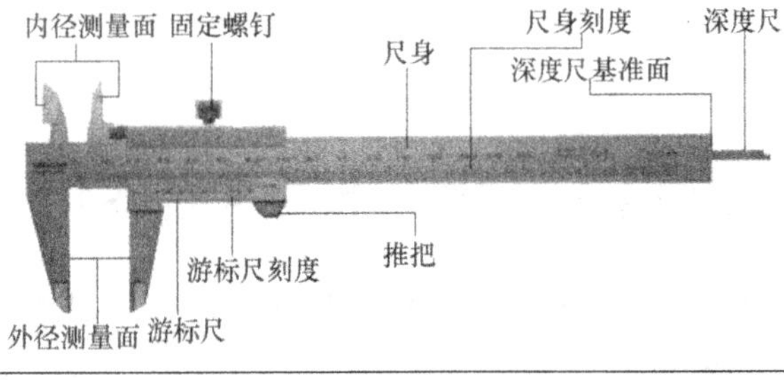	
	规格说明	游标卡尺是一种常用的量具，具有结构简单、使用方便、精度中等和测量的尺寸范围大等特点，可以用来测量零件的外径、内径、长度、宽度、厚度、深度和孔距等，应用范围很广 常用游标卡尺的测量范围有0~150mm、0~200mm和0~300mm 游标卡尺的分度值有0.1mm、0.02mm和0.05mm三种。常用0.02mm的游标卡尺 游标卡尺的使用方法及注意事项 （1）用棉纱将移动面与测量面擦干净，并检查有无缺陷 （2）合拢测量爪，透光检查两测量面间有无缝隙 （3）合拢测量爪，检查两零刻度线是否对齐	
	游标卡尺的使用	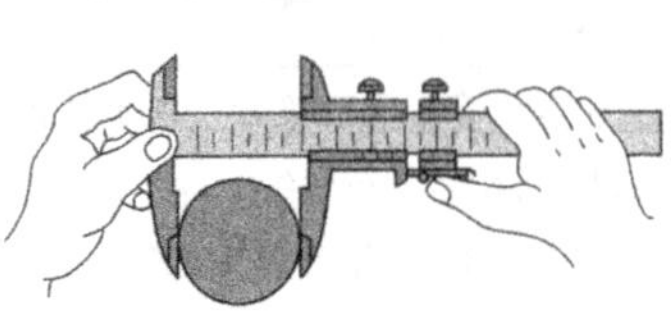	测量外径 （1）左手拿尺身测量爪，右手移动游标尺 （2）将两测量面张开比被测量面尺寸稍大 （3）尺身的测量面贴合被测工件，右手大拇指推动游标尺测量爪，使两测量面与被测工件贴合，可以轻轻摇动卡尺，放正垂直位置

（续）

名称	说明		
游标卡尺	游标卡尺的使用	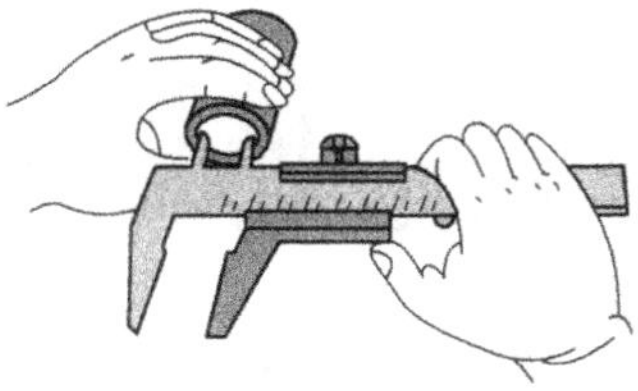	测量内径 （1）将两测量面张开比被测量面尺寸稍小 （2）尺身的测量面贴合被测工件，右手大拇指拨动游标尺测量爪，使两测量面与被测工件贴合，可以轻轻摇动卡尺，放正垂直位置
		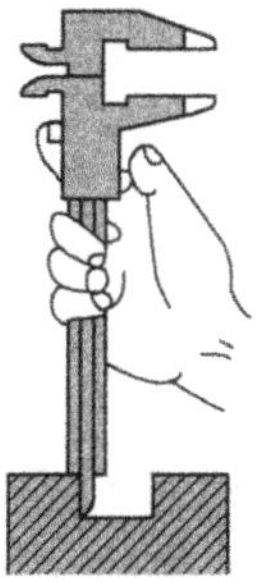	测量深度 把游标卡尺尾部垂直靠在测量孔的边缘不动，移动游标尺，向深孔内探出深度尺，当深度尺前端抵达孔底时，读数即孔深尺寸
		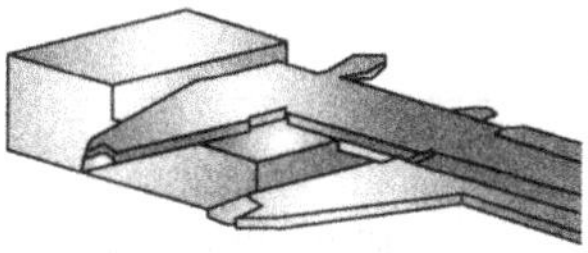	测量段差 将游标尺测量面贴合台阶面，移动尺身至台阶顶端，读数即台阶面的段差
	读数	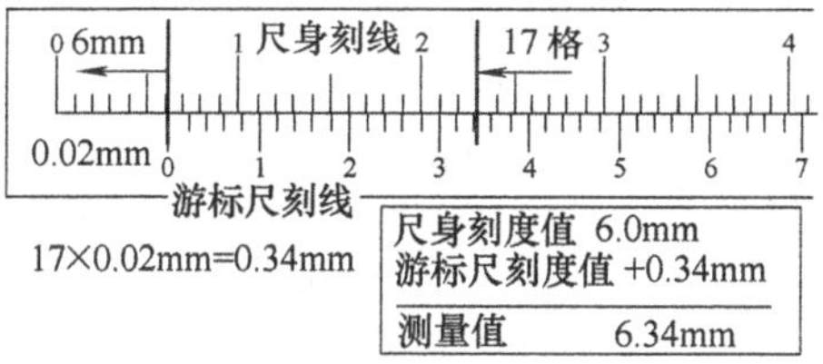	读数方法 （1）保证直视游标卡尺刻度线 （2）先读游标尺零线所对的尺身数字，图示为 6mm （3）再读出游标尺上与尺身上对齐刻线的格数，并将格数乘以该游标卡尺的分度值以得到小数值，图示为 0. 34mm （4）再将两个数字相加即可得到实际的测量尺寸 6. 34mm
	其他形式卡尺	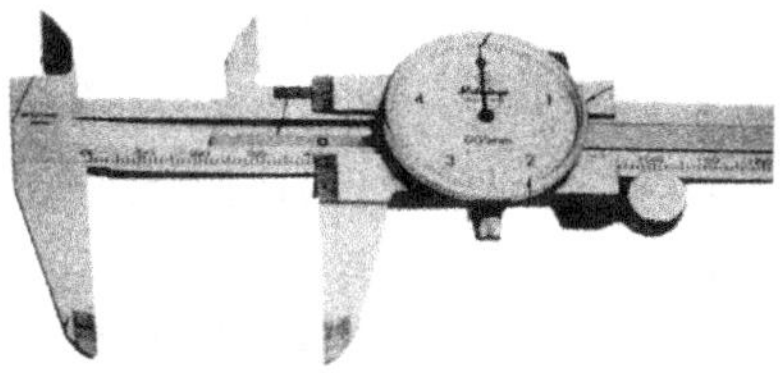	带表卡尺：也称附表卡尺，是运用齿条传动齿轮带动指针显示数值的，尺身上有大致的刻度，结合指示表读数，比游标卡尺读数更为快捷、准确
		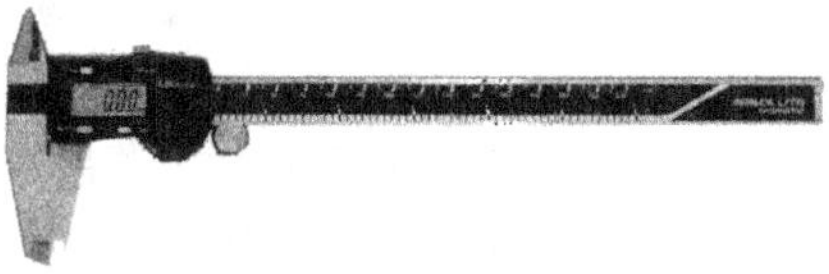	数显卡尺：其尺身装有高精度齿条，齿条运转带动圆形栅格片转动，用光电脉冲计数原理，将卡尺测量爪的位移量转变为脉冲信号，通过计数器和显示器将测量尺寸数字显示在显示屏上

（续）

<table>
<tr><th>名称</th><th colspan="3">说　明</th></tr>
<tr><td rowspan="5">千分尺</td><td>外观结构</td><td colspan="2">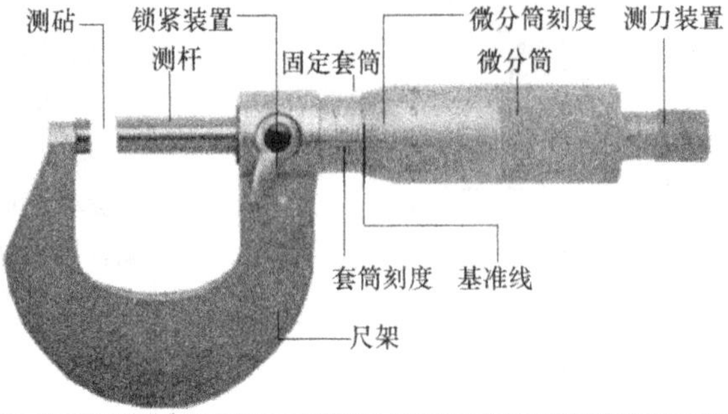
</td></tr>
<tr><td>规格说明</td><td colspan="2">千分尺是应用螺旋副传动原理将回转运动变为直线运动的一种量具，主要用来测量各种外尺寸，用于精密测量外径。其分度值为 0.01mm，常用规格有 0~25mm、25~50mm、50~75mm 和 75~100mm 等
千分尺使用方法及注意事项
（1）选择与被测工件尺寸大小相适合千分尺
（2）测量前应将千分尺工作面擦拭干净，并检查千分尺的零线是否对齐，若未对齐应进行调整
（3）测量时先转动微分筒，当千分尺两测量面将要与工件接触时，改用测力装置，直到发出“吱吱”声为止
（4）禁止用千分尺测量毛坯面和转动着的工件</td></tr>
<tr><td rowspan="2">千分尺的使用</td><td>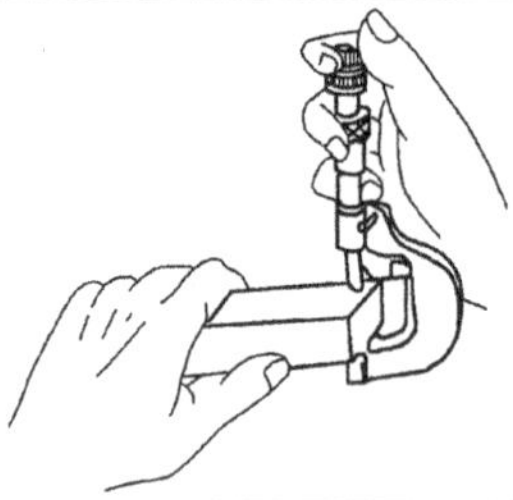</td><td>使用：用大拇指和食指或中指捏住微分筒，小指勾住尺架并压向手掌上，大拇指和食指转动测力装置就可进行测量
读数：视线与千分尺垂直</td></tr>
<tr><td>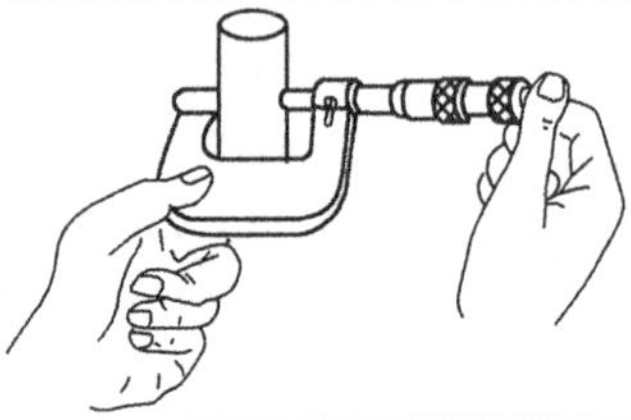</td><td>使用
（1）左手拿尺架，右手握测力装置
（2）转动测力装置，使测杆端面与被测表面接近，转动测力装置直到打滑，发出“吱吱”声为止
（3）读数时，视线与千分尺垂直</td></tr>
<tr><td>读数</td><td>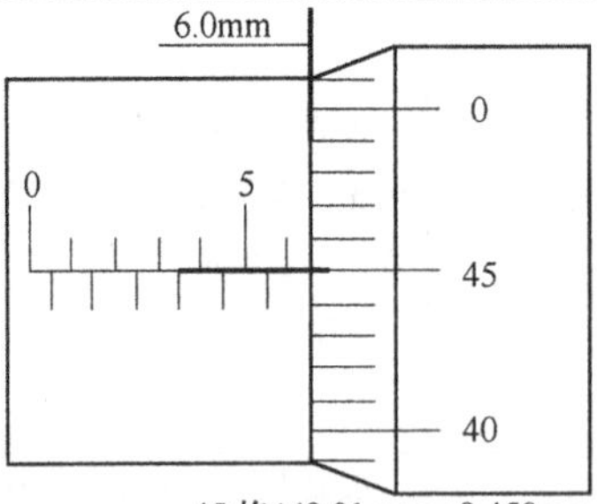

45 格×0.01 mm= 0.450mm
固定套筒刻度值　6.0mm
微分筒刻度值　0.450mm
+
测量值　6.450mm</td><td>（1）刻度原理
1）固定套筒最小刻度间隔：1 格 = 0.5mm
2）微分筒最小刻度间隔：1 格 = 0.01mm
（2）读数
1）先以微分筒的基准线为基准读取左边固定套筒刻度值 6.0mm
2）再以固定套筒基准线读取微分筒刻度线上与基准线对齐的刻度 0.450mm
3）将固定套筒刻度值与微分筒刻度值相加，即为测量值 6.450mm</td></tr>
</table>

（续）

<table>
<tr><th>名称</th><th colspan="3">说　　明</th></tr>
<tr><td rowspan="3">千分尺</td><td rowspan="3">其他常用千分尺</td><td></td><td>公法线千分尺：用来测量外啮合齿轮的公法线长度</td></tr>
<tr><td>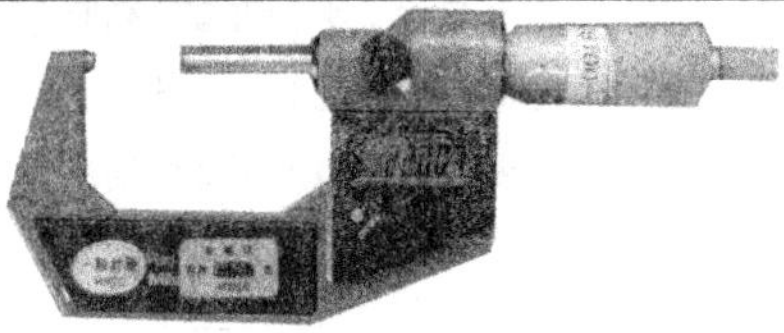</td><td>数显千分尺：用来测量外径与几何误差，读数方便</td></tr>
<tr><td></td><td>深度数显千分尺：用来测量内孔和台阶深度</td></tr>
<tr><td rowspan="3">游标万能角度尺</td><td>外观结构</td><td colspan="2">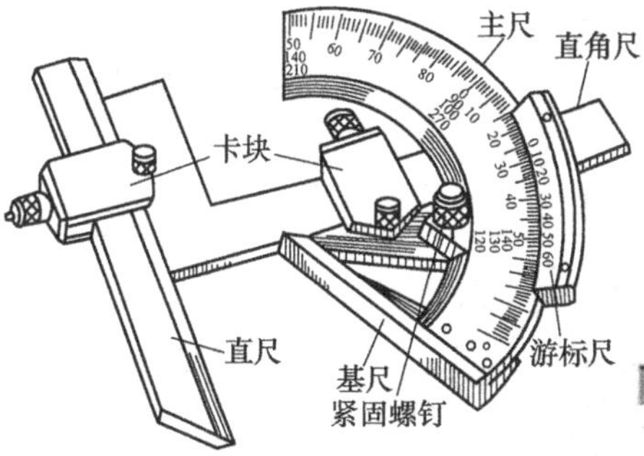

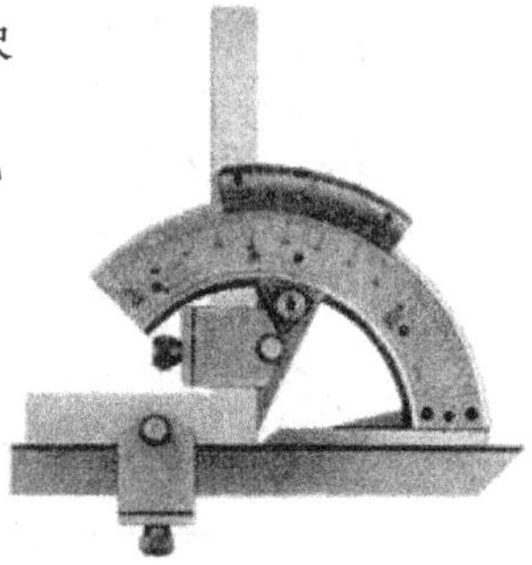</td></tr>
<tr><td>规格说明</td><td colspan="2">游标万能角度尺又称角度规。它是利用活动直尺测量面相对于基尺测量面的旋转，对两测量面间分隔的角度进行读数的角度测量器具。其分度值为2′
游标万能角度尺适用于机械加工中的内、外角度测量，可测0°～320°外角和40°～130°内角
使用方法及注意事项
（1）测量时，放松制动器上的螺母，移动主尺做粗调整
（2）再转动游标尺背后的手把做精细调整，直到两测量面与被测工件的工作面密切接触为止
（3）拧紧制动器上的螺母加以固定，即可进行读数。其读数方法与游标卡尺相同</td></tr>
<tr><td>游标万能角度尺的使用</td><td>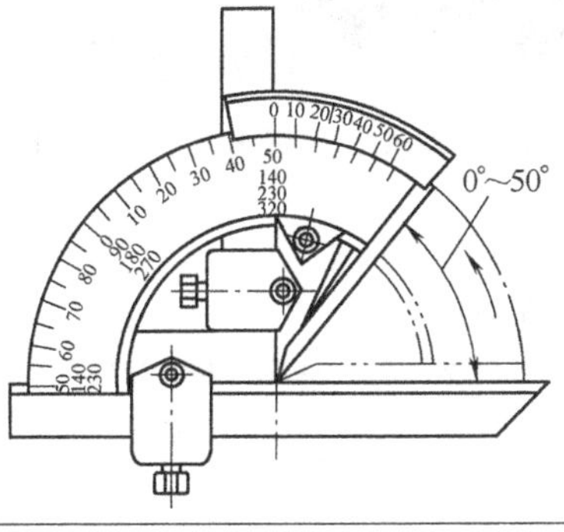
</td><td>测量0°～50°角度
直角尺和直尺全都装上，把产品的被测部位放在基尺和直尺的测量面之间进行测量</td></tr>
</table>

（续）

<table>
<tr><th>名称</th><th colspan="3">说　明</th></tr>
<tr><td rowspan="3">游标万能角度尺</td><td rowspan="3">游标万能角度尺的使用</td><td>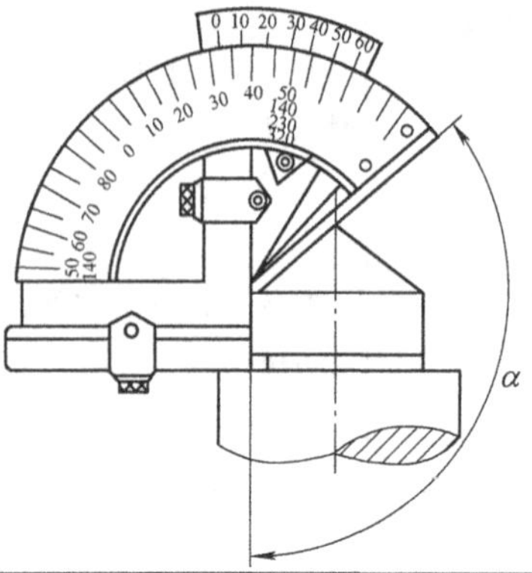
</td><td>测量 140°~230°角度
把直尺和卡块卸掉，只装直角尺，但要把直角尺推上去，直到直角尺短边与长边的交点和基尺的尖端对齐为止。把工件的被测部位放在基尺和直角尺短边的测量面之间进行测量</td></tr>
<tr><td>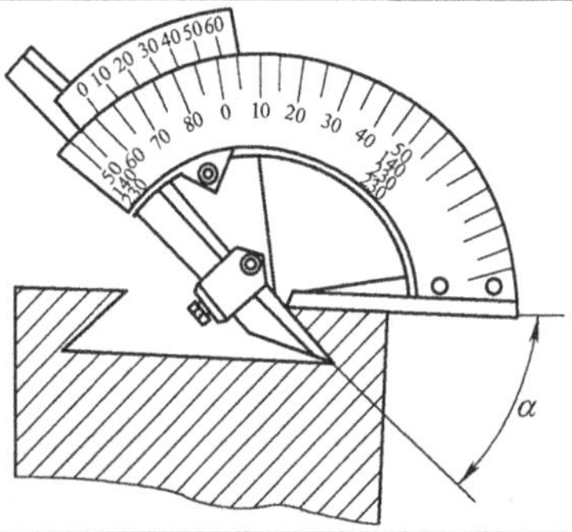
</td><td>测量 50°~140°角度
把直角尺卸掉，把直尺装上去，使其与扇形板连在一起。把工件的被测部位放在基尺和直尺的测量面之间进行测量</td></tr>
<tr><td>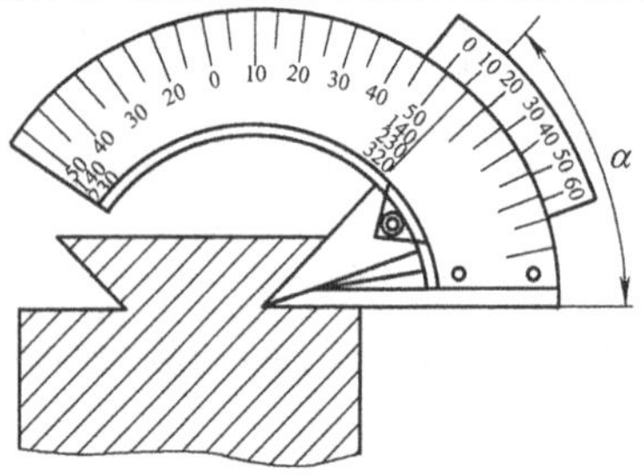
</td><td>测量 230°~320°角度
把直角尺、直尺和卡块全部卸掉，只留下扇形板和主尺(带基尺)。把产品的被测部位放在基尺和扇形板测量面之间进行测量</td></tr>
<tr><td rowspan="2">塞尺</td><td>外观结构</td><td colspan="2"></td></tr>
<tr><td>规格说明</td><td colspan="2">塞尺又称测微片，用不锈钢制造，由一组不同厚度级差的薄钢片组成，是用于检验间隙的测量器具之一
使用注意事项
(1) 使用前必须先清除塞尺和工件上的污垢与灰尘
(2) 不允许在测量过程中剧烈弯折塞尺，或用较大的力硬将塞尺插入被检测间隙
(3) 使用完后应将塞尺擦拭干净，并涂上一薄层工业凡士林，以防锈蚀、弯曲、变形和损坏</td></tr>
</table>

单元二 钳工划线

本单元的主要内容是钳工划线的知识。通过本单元的学习：应认识钳工常用划线工具的名称和用途，并学会划线工具的使用方法；应掌握划线基本知识并能熟练应用，学会平面划线和立体划线的方法与步骤。

课题一　钳工常用划线工具

通过本课题的学习，应认识钳工常用的划线工具，掌握其用途，学会钳工常用划线工具的正确使用方法。

钳工常用划线工具见表 2-1。

表 2-1　钳工常用划线工具

序号	名称	图　示	说　明
1	划线平板		划线平板由铸铁制成，工作表面经过刮削加工，是划线时的基准平面 使用要求 （1）上平面要保持水平 （2）不许碰撞或敲击其表面，要注意其表面的清洁 （3）用完后要擦拭干净，并涂上机油防锈
2	划针	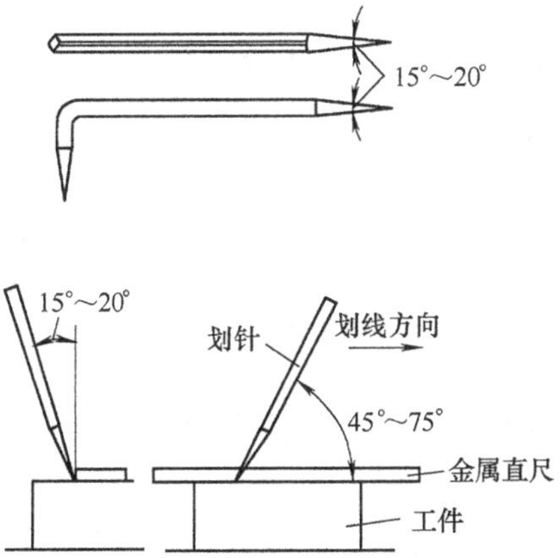	划针是在工件表面划线的工具。其一般由工具钢或弹簧钢丝制成，尖端磨成 15°～20° 的尖角，并经热处理淬火后使用。划针分直划针与弯头划针 使用注意事项 （1）划针要依靠金属直尺等导向工具而移动，并压紧导向工具 （2）划线时，划针向外侧倾斜 15°～20°，向划线方向倾斜 45°～75° （3）要尽量做到一次划成，以使线条清晰、准确

（续）

序号	名称	图　示	说　明
3	划针盘	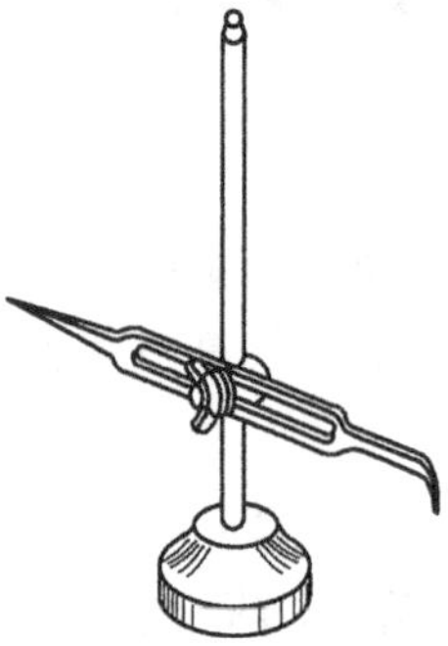	划针盘主要用于立体划线和工件位置的找正 划针盘的划针直头用来划线，弯头用于找正 使用注意事项 （1）用划针盘划线时，应注意划针装夹要牢固，伸出不宜过长，以免抖动 （2）底座要保持与划线平板紧贴，不能摇晃和跳动
4	高度游标卡尺	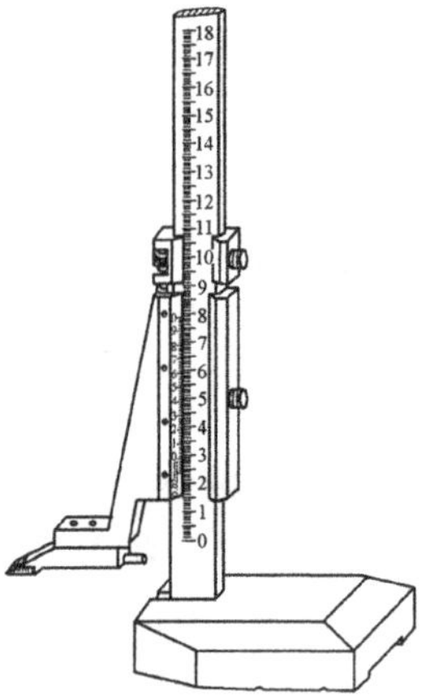	高度游标卡尺（又称划线高度尺）由尺身、游标、划针脚和底座组成，能直接表示出高度尺寸，其分度值一般为0.02mm，一般作为精密划线工具使用 使用注意事项 （1）高度游标卡尺为精密划线工具，不得用于粗糙毛坯表面的划线 （2）用完以后应将擦拭干净，涂油装盒存放
5	划规	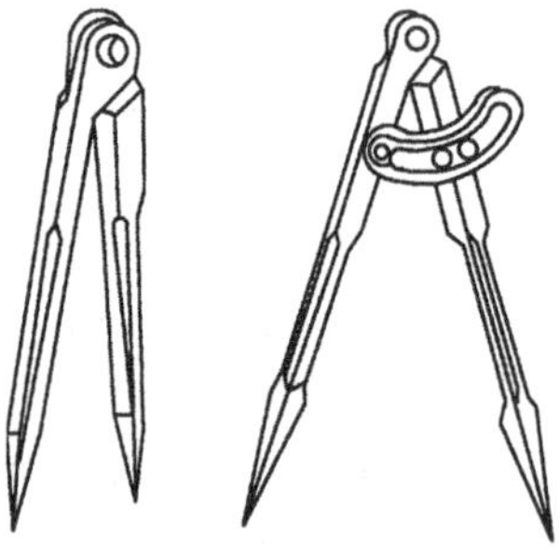	划规是划圆或划弧线、等分线段及量取尺寸等操作所使用的工具 使用注意事项 （1）用划规划圆时，对作为旋转中心的一脚施加较大的压力，而施加较轻的压力于另一脚在工件表面划线 （2）为保证划出的线条清晰，划规的脚尖应保持尖锐
6	样冲	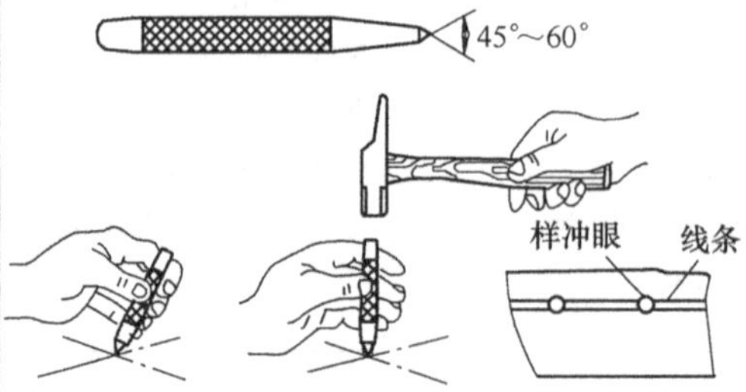	样冲用于在划好的线上打样冲眼。样冲用工具钢制成，尖端磨成60°左右角度，并经过热处理 使用注意事项 （1）使用时，样冲先向外倾斜，以便对准线条中间，对准后再立直，用划线锤锤击 （2）划圆、钻孔时必须先打样冲眼 （3）精加工表面禁止打样冲眼

（续）

序号	名称	图　示	说　明
7	千斤顶	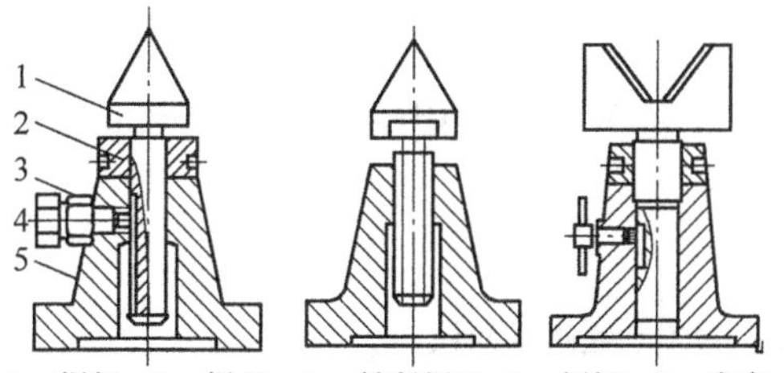 1—螺杆 2—螺母 3—锁紧螺母 4—螺钉 5—底座	划线千斤顶是钳工划线时所使用的支撑工具，用来支撑毛坯或不规则工件 使用注意事项 （1）在钳工划线中，通常是三个划线千斤顶为一组使用 （2）带V形铁的千斤顶可用于支承圆柱面工件
8	V形铁	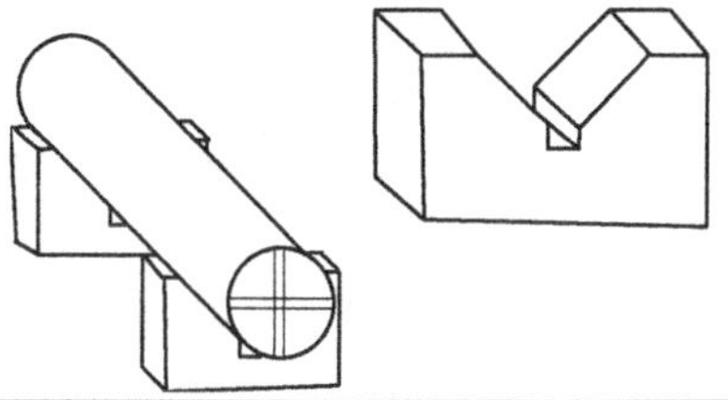	V形铁主要用来安放轴、套筒及圆盘等圆形工件，以便找中心线和划出中心线。V形铁一般用铸铁制成，成对使用
9	直角尺	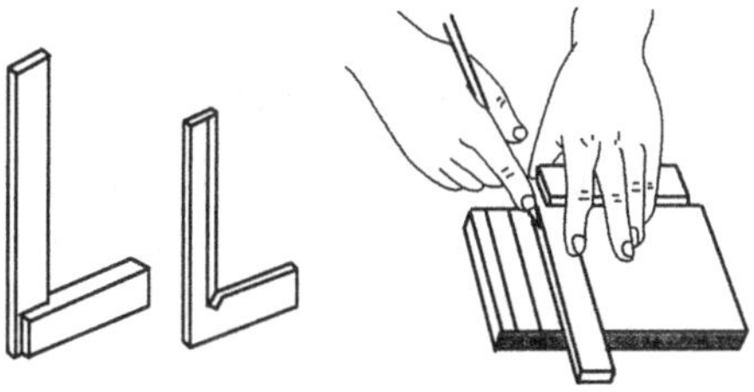	直角尺在划线时用作划垂直线或平行线的导向工具，也可用来找正工件表面在划线平板上的垂直位置
10	方箱	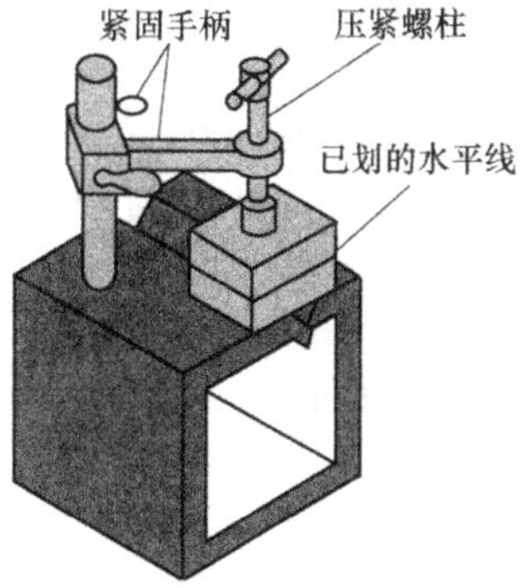	方箱是用铸铁制成的空心立方体或长方体，用来支承小型工件。依靠夹紧装置，把方箱翻转90°，可以划出互相垂直的线
11	角铁		角铁又称弯板，常用铸铁经精刨加工而成，有两个互相垂直的平面。划线时常与压板螺栓配合使用，用来夹持工件，然后用直角尺对工件垂直位置进行找正，再用划针盘划线
12	划线涂料		（1）石灰水：适用于常用大、中型铸件和锻件毛坯 （2）龙胆紫：适用于已加工表面 （3）硫酸铜溶液：适用于形状复杂的工件或已加工表面 （4）白粉笔：适用于小毛坯件

课题二　钳工划线基本知识

通过本课题的学习，应熟悉钳工划线基准的分类和用法，并了解钳工找正和借料的目的和注意事项，学会正确的找正和借料方法。

钳工划线基本知识见表 2-2。

表 2-2　钳工划线基本知识

<table>
<tr><th>序号</th><th>名称</th><th>图　　示</th><th>说　　明</th></tr>
<tr><td rowspan="3">1</td><td rowspan="3">划线基准</td><td>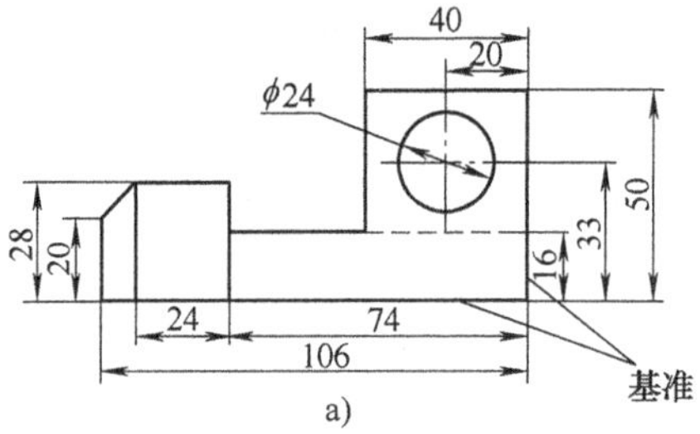
a)</td><td>划线基准指在划线时选择工件上的某个点、线、面作为依据，用它来确定工件的各部分尺寸、几何形状及相对位置
平面划线时要确定两个基准，而立体划线时通常要确定三个基准
（1）以两个互相垂直的平面为基准。零件上有两个相互垂直方向的尺寸，每个方向的多数尺寸要依照外缘线确定，可将两个方向上的两条外缘线分别确定为这两个方向的划线基准，如图 a 所示</td></tr>
<tr><td>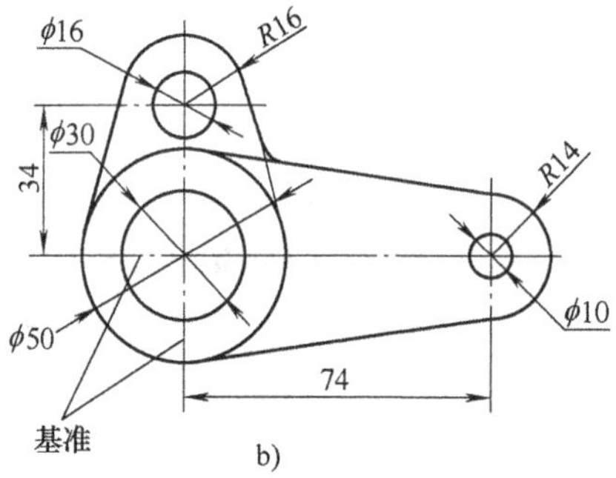
b)</td><td>（2）以两条中心线为基准。零件上两个方向的尺寸分别相对于中心线具有对称性，其他尺寸也从中心线起始标注。此时，可将这两条中心线分别确定为这两个方向的划线基准，如图 b 所示</td></tr>
<tr><td>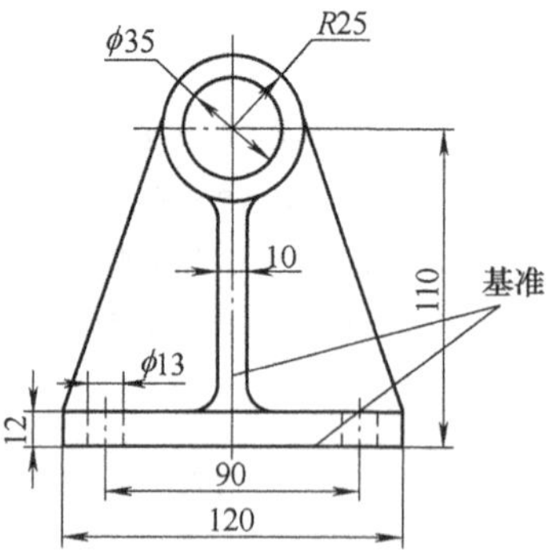
c)</td><td>（3）以一条直线和一条中心线为基准。零件高度方向的尺寸是以底线为依据确定的，此底线可作为高度方向的基准；宽度方向的尺寸对称，中心线可确定为该方向的划线基准，如图 c 所示</td></tr>
</table>

（续）

序号	名称	图示	说明
2	找正	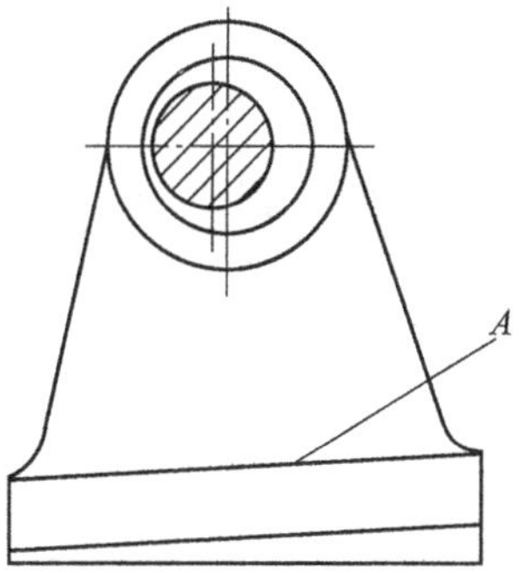	找正就是利用划线工具使工件或毛坯上有关表面与基准面之间处于合适的位置 找正时应注意的问题 （1）毛坯上有不加工表面时，应按不加工表面找正后再划线，这样可使加工表面和不加工表面之间保持尺寸均匀。如左图所示轴承架毛坯，内孔与外圆不同心，在划内孔加工线之前，应以不需要加工的外圆为找正依据，用单脚划规求出其中心，然后按求出的中心划出内孔的加工线。这样，内孔与外圆就可基本达到同心 （2）工件上有两个以上不加工表面时，应以重要的或较大的不加工表面作为找正依据，并兼顾其他不加工表面，这样可使划线后的加工表面与不加工表面之间尺寸比较均匀，而使误差集中到次要或不明显的部位。如左图所示，底面和 *A* 面不平行，在划底面加工线之前，应先以上平面 *A*（不加工面）为找正依据，用划针盘找正水平位置，然后划出底面加工线。这样，底座各处的厚度就比较均匀 （3）工件上没有不加工表面时，可通过找正需要加工的表面的自身位置后再划线，这样可使各加工表面的加工余量均匀，避免加工余量相差悬殊
3	借料	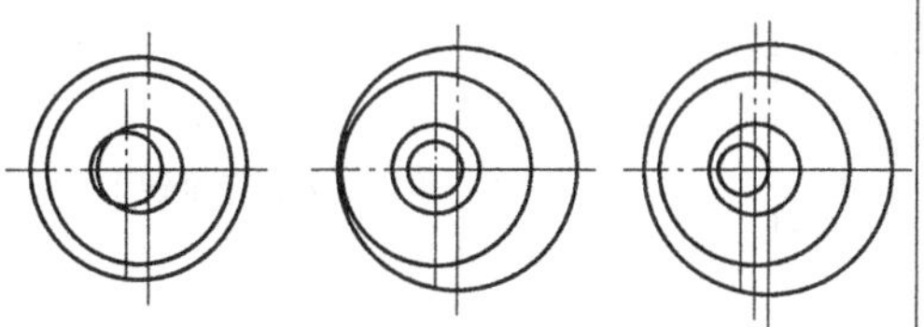 a)　　b)　　c)	借料即是当毛坯的误差不太大或有局部缺陷时，通过调试和试划后，使各待加工表面都有足够的加工余量，这样加工后可以消除误差或缺陷 借料划线时，应首先测量出毛坯的误差值，确定借料的方向和大小，然后从基准开始逐一划线。若发现某一加工面的余量不足时，应再次借料，重新划线，直至各加工面都有允许的最小加工量为止 如图所示为一铸件圆环毛坯，其内孔和外圆都需要加工。但毛坯件内孔和外圆偏心较大，为保证内孔和外圆都有足够的加工余量，须采用借料的方法 图 a 所示为不顾及内孔去划外圆，内孔的加工余量不够 图 b 所示为不顾及外圆去划内孔，则外圆的加工余量不够 图 c 所示为只有在内孔和外圆都兼顾时，恰当地选择圆心位置，才能保证内孔和外圆都具有足够的加工余量

课题三　平面划线

通过本课题的学习，应理解划线的意义，进一步掌握钳工划线工具的使用方法，理解基准在划线中的作用，并学会正确选择基准，学会平面划线的方法。

一、课题引入

在毛坯上划出图 2-1 所示的线。

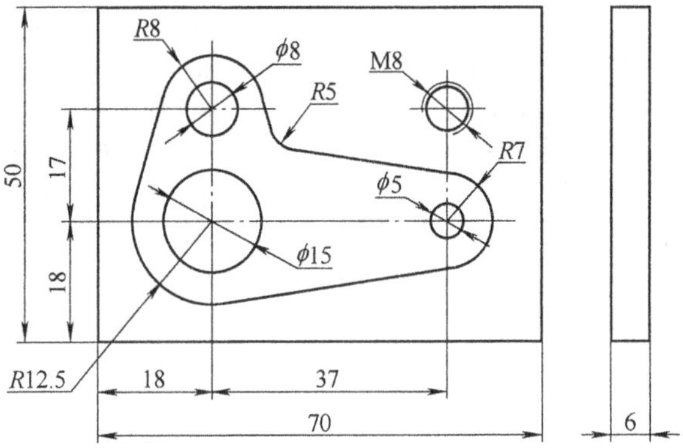

图 2-1　平面划线

二、课题实施

平面划线的步骤与方法见表 2-3。

表 2-3　平面划线的步骤与方法

序号	步骤	图　示	说　明
1	准备	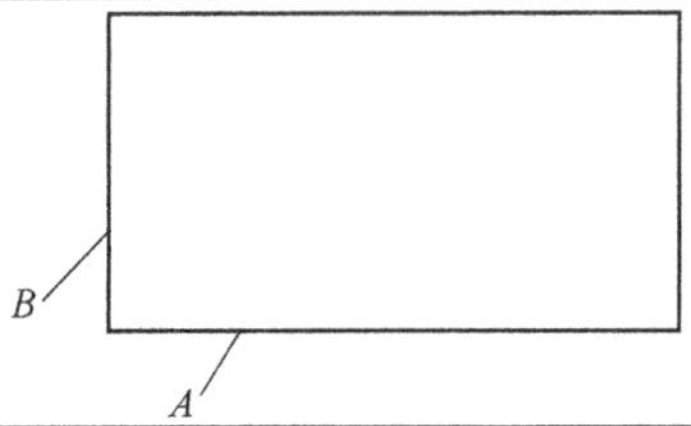	（1）准备好各种划线工具，如划线平台、金属直尺、划针、划规、样冲、角尺和白粉笔等 （2）清理毛坯 （3）选择互相垂直的平面 *A*、*B* 作为基准 （4）用白粉笔将侧面均匀涂成白色
2	划线	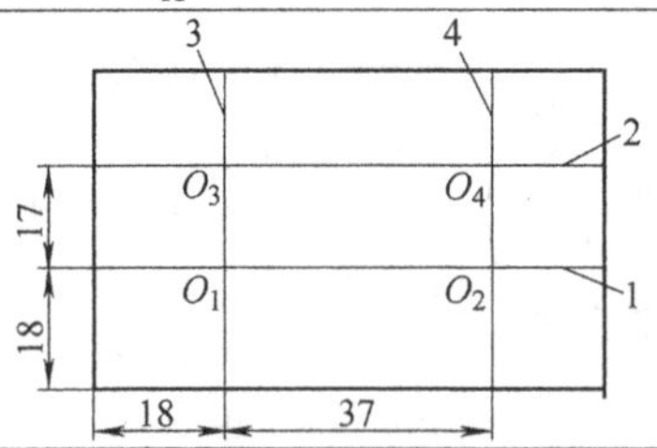	（1）按尺寸划出基准线 1、2、3、4
		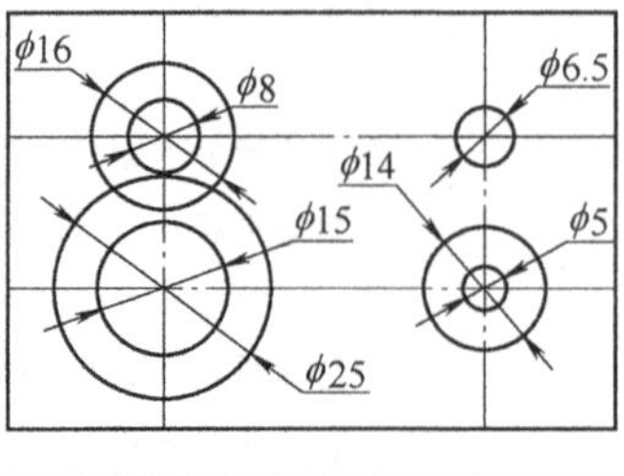	（2）以基准线 1、3 的交点 O_1 为圆心划出 ϕ15mm、ϕ25mm 的圆 （3）以基准线 1、4 的交点 O_2 为圆心划出 ϕ5mm、ϕ14mm 的圆 （4）以基准线 2、3 的交点 O_3 为圆心划出 ϕ16mm、ϕ8mm 的圆 （5）以基准线 2、4 的交点 O_4 为圆心划出 ϕ6. 5mm 的圆

（续）

序号	步骤	图 示	说 明
2	划线	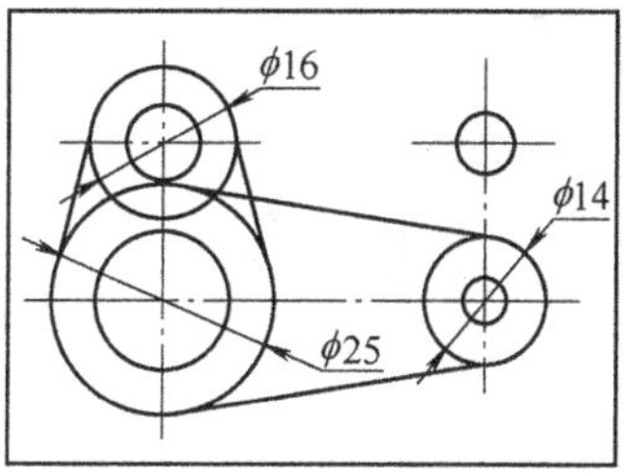	（6）划出 $\phi16$mm 和 $\phi25$mm 圆的切线 （7）划出 $\phi14$mm 和 $\phi25$mm 圆的切线
		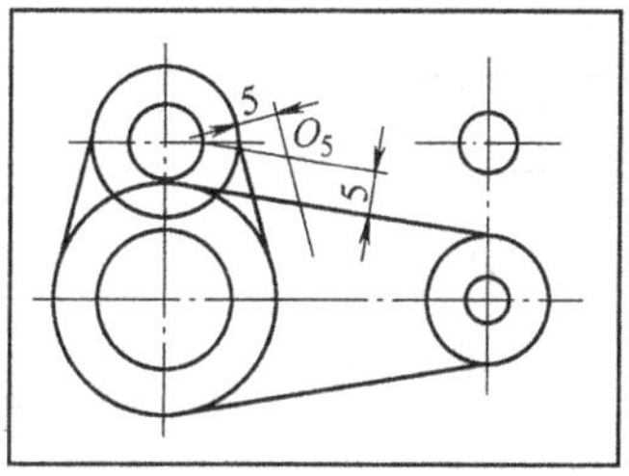	（8）划出与切线距离为 5mm 的两平行线，其交点 O_5 为圆弧 $R5$mm 的圆心
		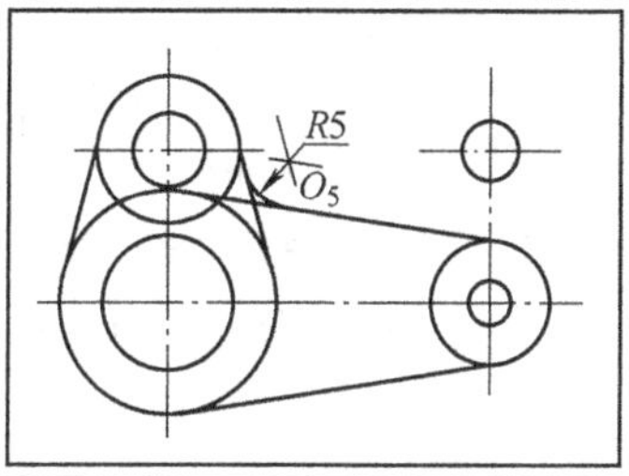	（9）以 O_5 为圆心划半径为 $R5$mm 的圆
3	检验		检查划线是否正确
4	打样冲眼	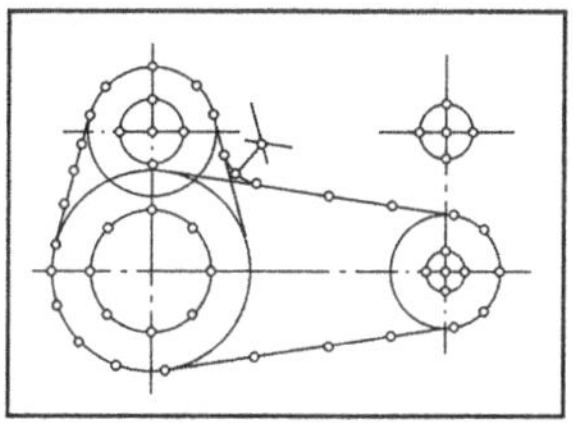	打样冲眼

课题四 立 体 划 线

通过本课题的学习，应理解划线的意义，进一步掌握钳工划线工具的使用方法，理解基准在划线中的作用，并学会正确选择基准，学会立体划线的方法。

一、课题引入

在毛坯上划出图 2-2 所示的线。

二、课题实施

立体划线的步骤和方法见表 2-4。

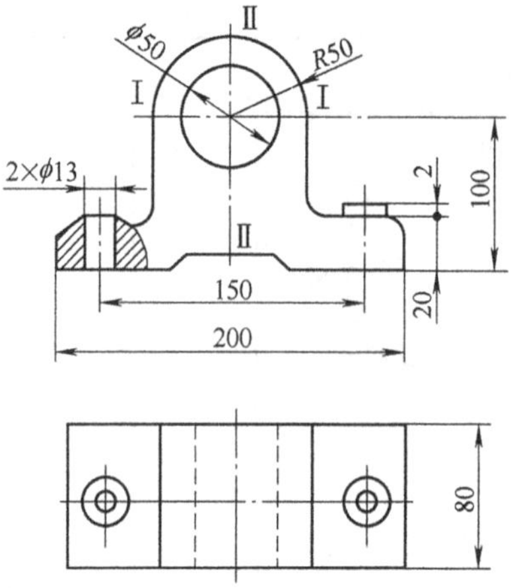

图 2-2　立体划线

表 2-4　立体划线的步骤和方法

序号	步骤	图　示	说　明
1	准备	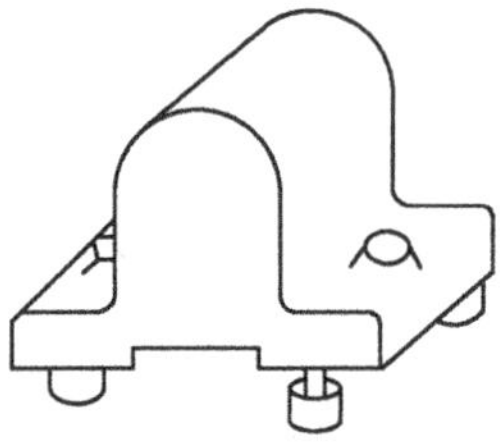	（1）准备好各种划线工具，如划线平台、金属直尺、划针、划规、样冲、角尺和白粉笔等 （2）清理毛坯 （3）选择互相垂直的中心线Ⅰ、Ⅱ作为基准 （4）根据 ϕ50mm 孔的中心平面，调节千斤顶，使工件水平
2	划线	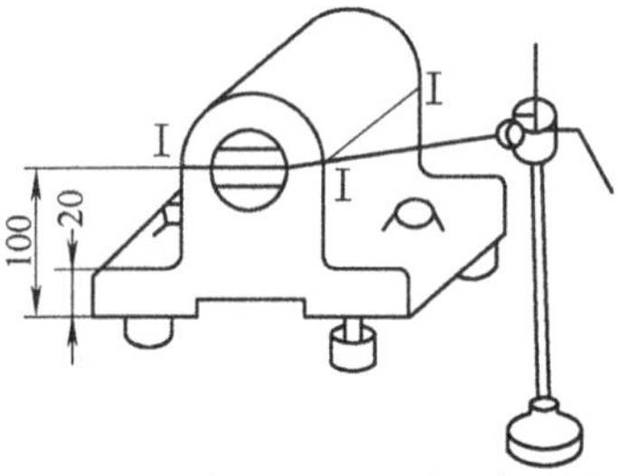	（1）划 ϕ50mm 孔的中心线Ⅰ—Ⅰ
		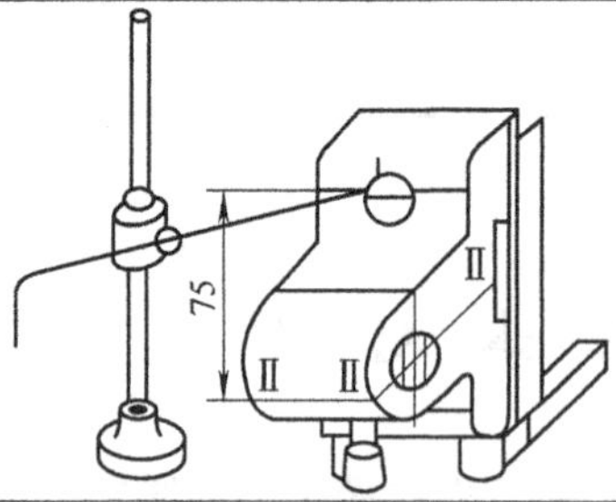	（2）划孔中心线Ⅱ—Ⅱ和 ϕ13mm 孔的中心线
		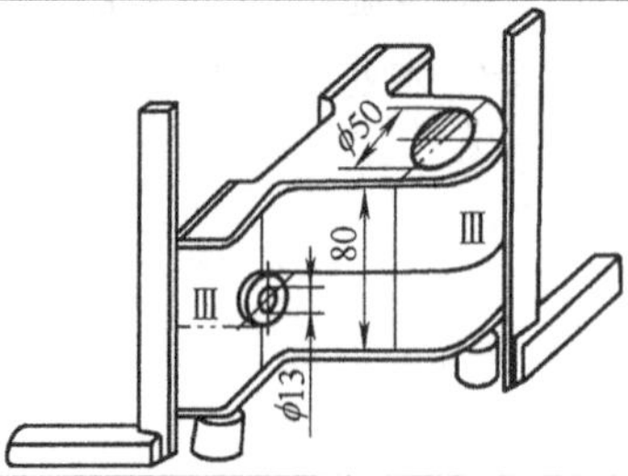	（3）划厚度中心线Ⅲ—Ⅲ （4）在各交点处打样冲眼并以交点为圆心划圆

（续）

序号	步骤	图示	说明
3	检验、打样冲眼	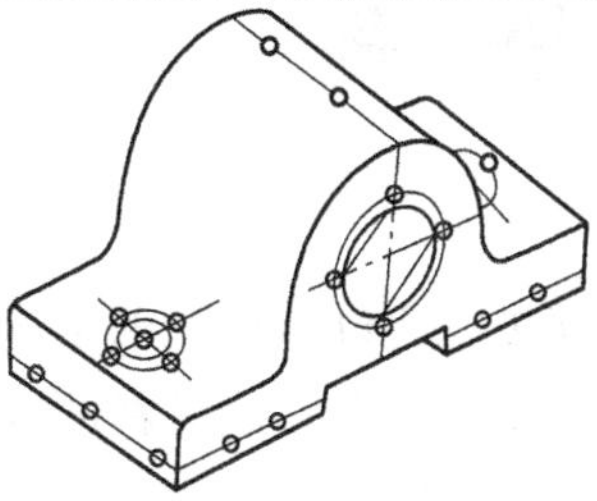	（1）检验划线是否正确 （2）打样冲眼

单元三 锯 削

本单元主要内容为锯削的基本知识与操作方法。通过本单元的学习，应认识锯弓，学会锯条的选用及安装方法，学会锯削的基本方法及板料和其他材料的锯削方法，熟悉锯削的常见问题，并掌握解决方法，同时注意安全文明生产。

课题一 锯削常用工具

通过本课题的学习，应认识锯弓，掌握锯条的基本知识，学会锯条的选用和安装方法。

认识常用锯削工具，见表 3-1。

表 3-1 常用锯削工具

序号	名称	图 示	说 明
1	锯弓	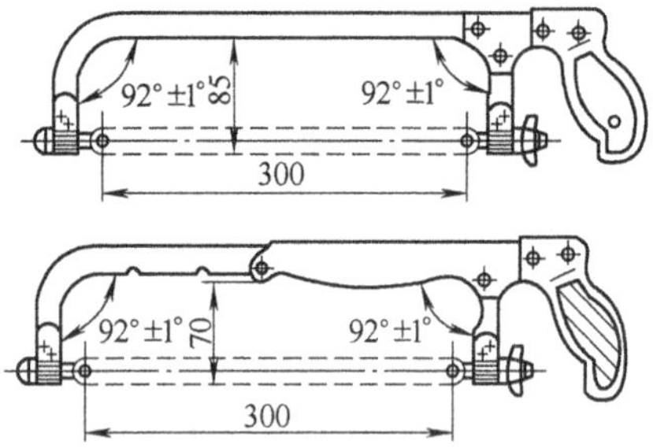	锯弓用于安装和张紧锯条，有固定式和可调节式两种
2	锯条		锯条一般用渗碳软钢冷轧而成，也可用碳素工具钢或合金工具钢制成，经热处理淬硬
3	锯条规格	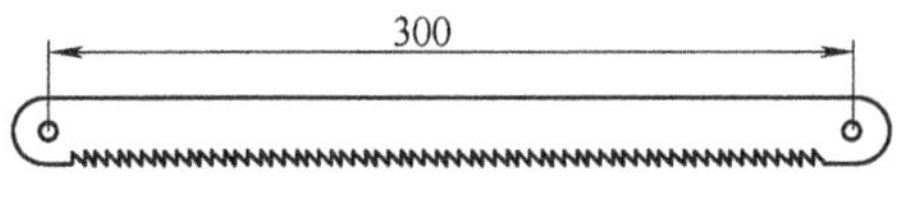	锯条规格以锯条两端安装孔的距离来表示，常用的为 300mm
4	锯齿粗细	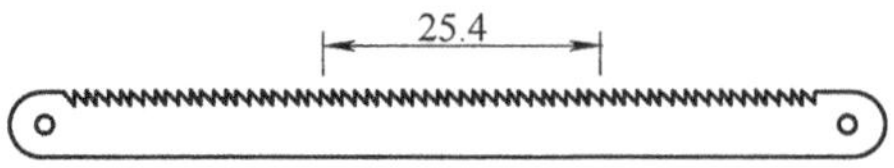	锯齿粗细用每 25.4mm 长度内的锯齿数来确定 细齿：24~32 中齿：19~23 粗齿：14~18
5	锯条的选用		细齿适用：锯切硬钢板及薄壁工件 中齿适用：锯切普通钢、铸铁等中硬材料 粗齿适用：锯切铜、铝等软材料

（续）

序号	名称	图　示	说　明
6	锯路	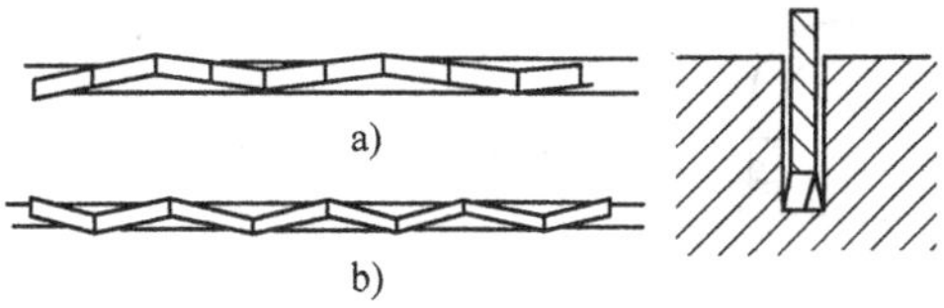	锯路：在制造锯条时，使锯齿按一定的规律左右错开，排列成一定形状 作用：锯缝宽度大于锯条背部的厚度，从而减少摩擦、夹锯和锯条折断的现象
7	锯条的安装	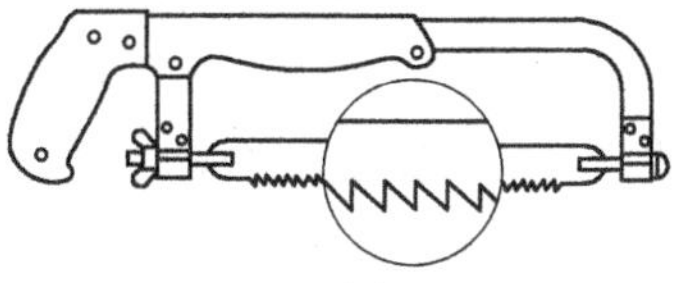 正确 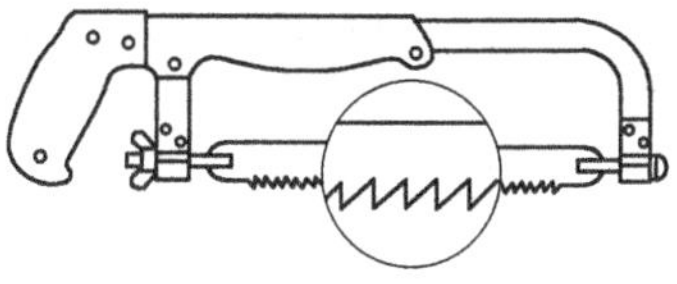 错误	齿尖朝前，将两个安装孔装到锯弓张紧架上，旋紧翼形螺母，松紧程度以用手扳动锯条感觉硬实为宜

课题二　板料锯削

通过本课题的学习，应熟悉锯削的基本流程，掌握锯削的基本操作方法，学会板料的锯削方法，熟悉板料锯削常见问题并掌握解决措施，同时注意安全文明生产。

一、课题引入

将 30mm×30mm×100mm 钢料锯成 30mm×30mm×80mm 的钢料。

二、课题实施

钢料锯削的步骤与方法见表 3-2。

表 3-2　钢料锯削的步骤与方法

序号	步骤	图　示	说　明
1	划线	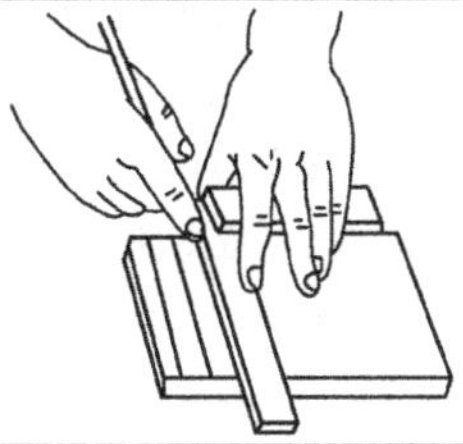	清理工件、划线
2	夹紧工件	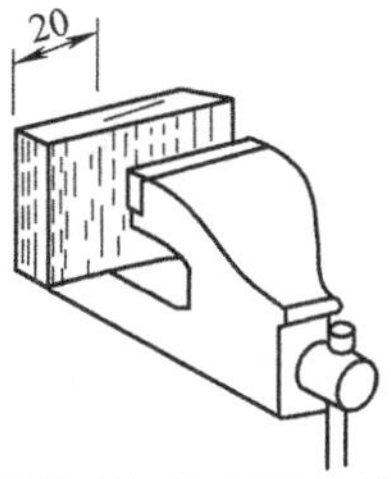	（1）工件尽量夹在台虎钳钳口的左侧，以方便操作 （2）锯缝离开钳口侧面约 20mm，防止锯削时工件产生振动，锯缝线与钳口侧面保持平行 （3）夹紧要牢靠，同时要避免将工件夹变形和夹坏已加工表面

（续）

序号	步骤	图 示	说 明
3	安装锯条	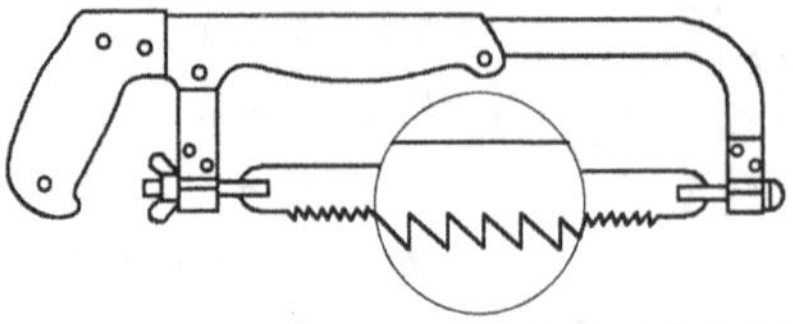	根据所锯材料选择并安装锯条
4	握锯	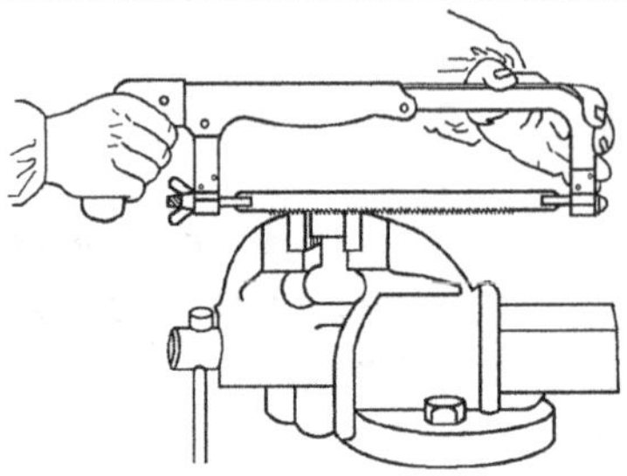	握锯要自然舒展，右手握柄、左手扶弓，运动时右手施力，左手压力不要太大，主要是协助右手扶正锯弓，身体稍微前倾，回程时手稍向上抬，在工件上方滑过
5	站立姿势	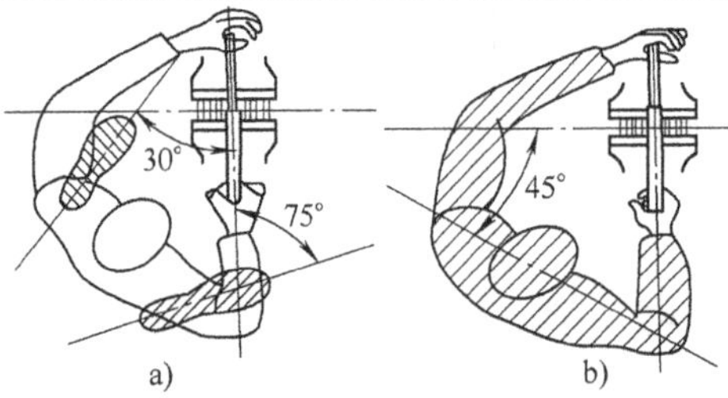 a) b)	锯削时，操作者应站立在台虎钳的左侧，两脚分开与肩同宽，左脚向前迈半步，与台虎钳的中线成 30°，右脚在后，与台虎钳中线成 75°，如图 a 所示。身体与台虎钳中线的垂线成 45°，如图 b 所示
6	起锯	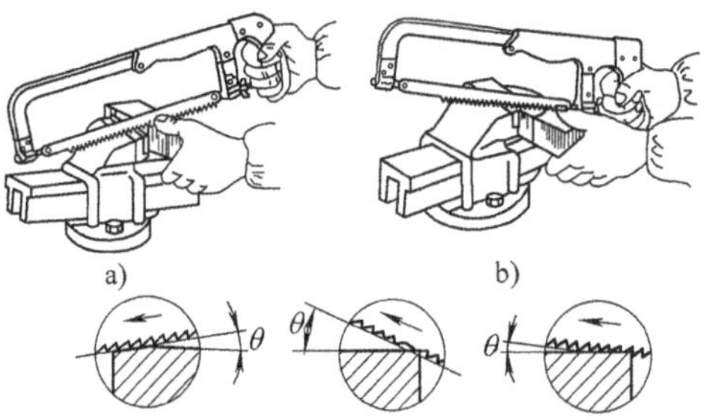 a) b)	（1）起锯方式有远起锯（图 a）和近起锯（图 b）两种，一般采用远起锯 （2）起锯角 θ 以 15°左右为宜。起锯角过大会崩齿，太小不易切入 （3）用左手大拇指抵住锯条定位，保证起锯的位置正确和平稳 （4）起锯时压力要小，往返行程要短，速度要慢，这样可使起锯平稳 （5）锯到槽深 2~3mm 时，开始正常锯削
7	锯削		推锯 开始进锯时，用力要均匀，左手扶锯，右手掌推动锯弓向前运动，上身前倾跟随一起动，右腿伸直向前倾，重心放在左脚，且左膝弯曲，锯弓行至 3/4 行程时，身体停止向前运动，两臂继续把锯弓送到尽头
			回锯 左手把锯弓略微抬起，右手向后拉动锯弓，身体逐渐回到原位 锯削速度一般为 40 次/min 左右，锯软材料可快一些，锯硬材料应慢些

（续）

序号	步骤	图 示	说 明
8	收锯	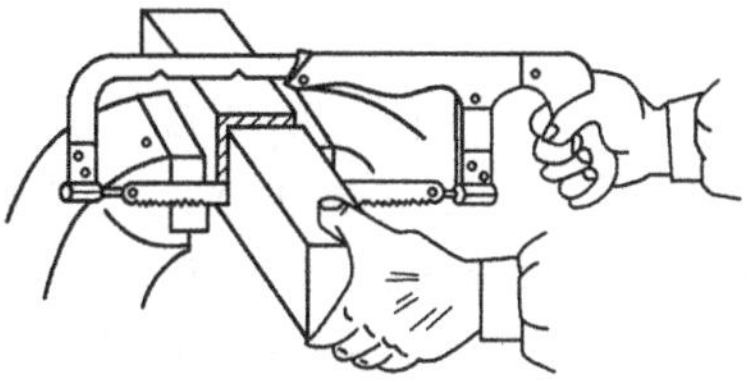	快锯断时，左手托住材料，只用右手轻力锯削，不使材料脱落
9	完成课题		边锯边检查，及时调整手锯，直到符合要求，最后卸下工件，整理工、量具

课题三 其他材料的锯削及锯削常见问题和预防方法

通过本课题的学习，应掌握棒料、管材、薄板材料与深缝的锯削方法，熟悉锯削常见问题的产生原因，掌握预防措施，提高锯削质量。

一、其他材料的锯削(表 3-3)

表 3-3 其他材料的锯削

序号	内容	图 示	说 明
1	棒料的锯削	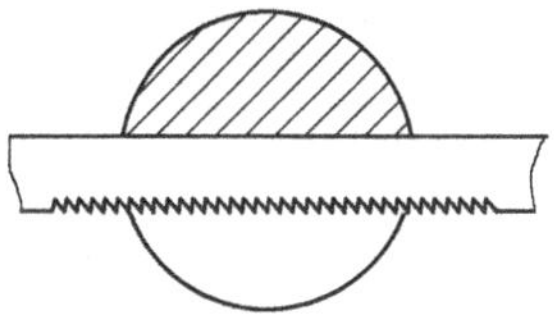	要求断面平整，应从起锯开始连续锯削至结束
		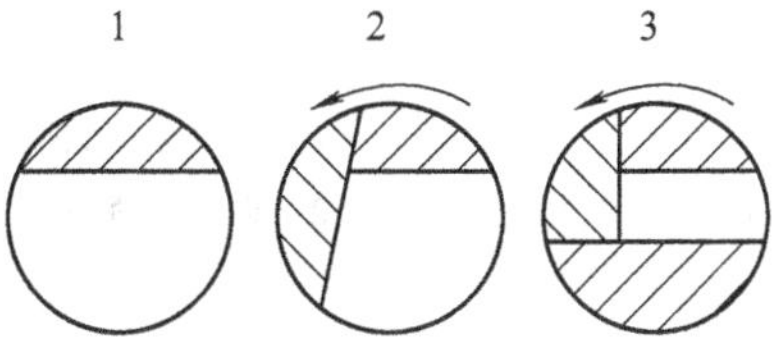	对断面要求不高时，锯削时每到一定深度，把棒料依次转过一定角度再锯，最后一次锯断，这样锯削省力，效率高
2	管子的锯削	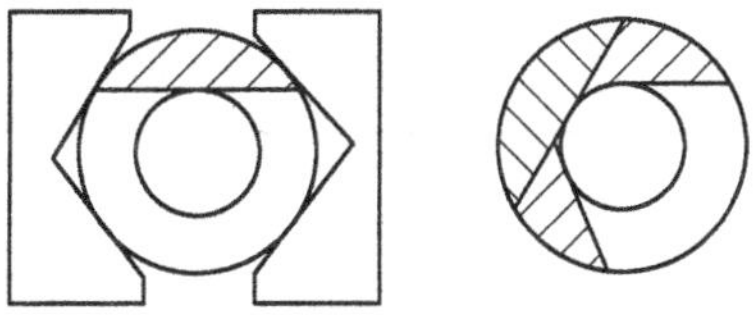	（1）要用 V 形木块夹持薄壁管子且不能夹得太紧，以免管子变形 （2）要在锯透管壁时依次向前转过一个角度再锯

（续）

序号	内容	图　示	说　明
3	薄板材料锯削	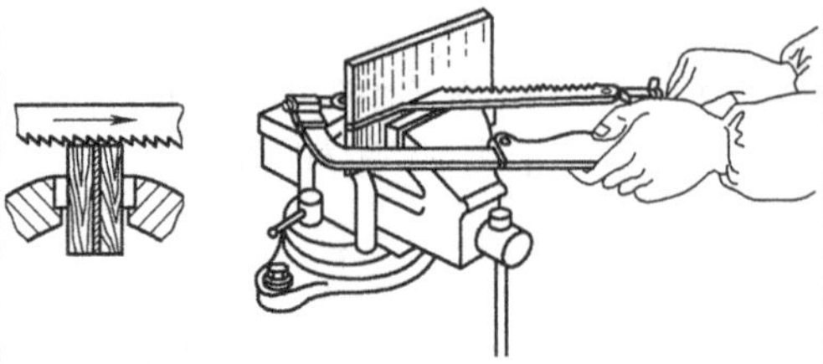	（1）采用远起锯 （2）锯削时应从薄板料宽面上锯下去，若只能在薄板料的狭面上锯下去时，可用两块木板夹持，连木块一起锯下，避免锯齿勾住，同时也增加了薄板料的刚度，使锯削时不发生颤动
4	深缝锯削	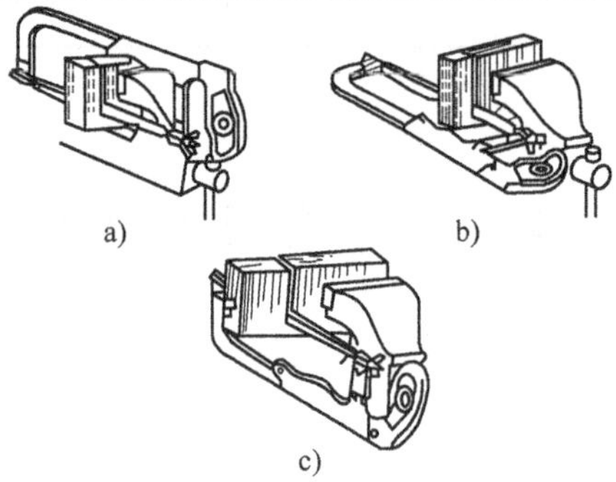 a) b) c)	当锯缝的深度超过锯弓的高度时，如图 a 所示，应将锯条转过 90°重新装夹，使锯弓转到工件的旁边，如图 b 所示。也可将锯条转过 180°，使锯齿指向锯弓内，安装好后再进行锯削，如图 c 所示

二、锯削时常见的问题和预防方法

锯削时常见的问题和预防方法见表 3-4。

表 3-4　锯削时常见的问题和预防方法

序号	常见问题	产 生 原 因	预 防 方 法
1	锯条折断	（1）锯条选用不当或起锯角度不当 （2）锯条装夹过紧或过松 （3）工件未夹紧，锯削时工件有松动 （4）锯削压力太大或推锯过猛 （5）强行矫正歪斜锯缝或换上的新锯条在原锯缝中受卡 （6）锯断工件时锯条撞击工件	（1）更换锯条 （2）锯条装夹力适当 （3）夹紧工件 （4）推锯力量适当 （5）矫正歪斜锯缝时力量适当 （6）锯条不要撞击工件
2	锯齿崩裂	（1）锯条装夹过紧 （2）起锯角度太大 （3）锯削中遇到材料组织缺陷	（1）锯条装夹力适当 （2）调整起锯角度 （3）锯削过程中注意材质的变化
3	锯缝歪斜	（1）工件装夹不正 （2）锯弓未扶正或用力歪斜，使锯条背偏离锯缝中心平面而斜靠在锯削断面的一侧 （3）锯削时双手操作不协调	（1）正确装夹工件 （2）锯弓要扶正，用力不能歪斜 （3）双手操作协调

单元四 錾削

本单元主要介绍錾削的知识。通过本单元的学习，应认识錾削工具，能合理选择錾子，学会锤子的使用和錾子的刃磨及热处理方法，掌握錾削的正确操作，学会不同形状工件的錾削方法，同时注意安全文明生产。

课题一 錾削常用工具

通过本课题的学习，应认识锤子和錾子，熟悉其规格与型号，能分辨出不同錾子的用途。

钳工常用錾削工具见表 4-1。

表 4-1 钳工常用錾削工具

序号	名称	图示	说明
1	锤子	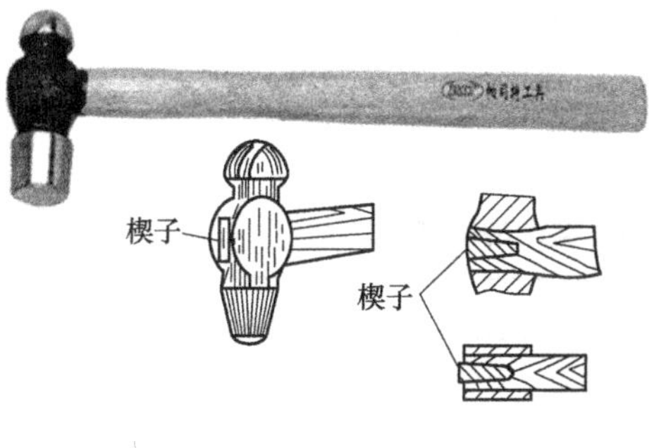	锤子由锤头和锤柄组成 (1) 锤头一般由碳素工具钢制成，并经过热处理淬硬 (2) 锤柄一般由坚硬的木材制成，且粗细和强度应该适当，应和锤头的大小相称。为了防止锤子在操作过程中脱落伤人，木柄装入锤孔后必须打入楔子 (3) 锤子的规格通常以锤头的质量来表示，有 0.25kg、0.5kg、0.75kg、1kg 等几种
2	錾子	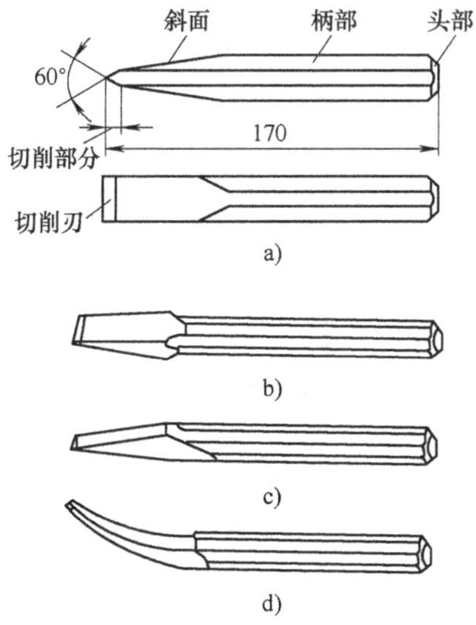	錾子一般由碳素工具钢 T7 或 T8 经过锻造后，再进行刃磨和热处理而制成，其硬度要求是切削部分为 52~57HRC，头部为 32~42HRC 錾子由切削刃、斜面、柄部、头部四个部分组成，如图 a 所示 分类 (1) 扁錾如图 b 所示，主要用来錾削平面、凸缘、毛刺和分割材料 (2) 尖錾如图 c 所示，主要用来錾前槽和分割曲线板料 (3) 油槽錾如图 d 所示，主要用来錾削润滑油槽

课题二　窄平面錾削

通过本课题的学习，应熟悉锤子的使用、錾子的握法，学会平面錾削的正确操作过程，同时注意安全文明生产。

一、课题引入

錾削尺寸为80mm×55mm×10mm钢板的平面3，达到图4-1所示的要求。

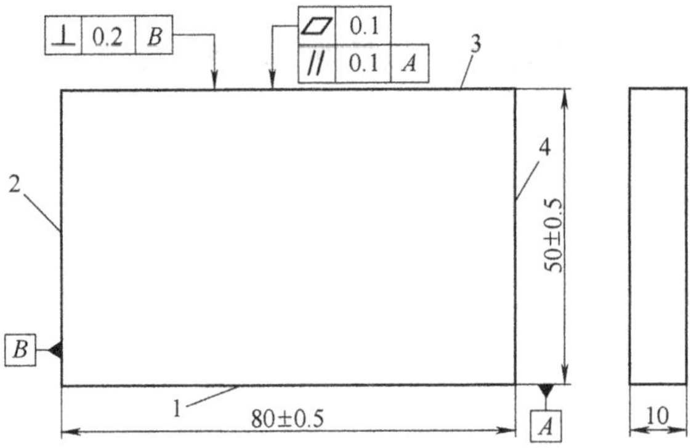

图4-1　平面錾削

二、课题实施

窄平面錾削的步骤和方法见表4-2。

表4-2　窄平面錾削的步骤和方法

序号	步骤	图　　示	说　　明
1	划线	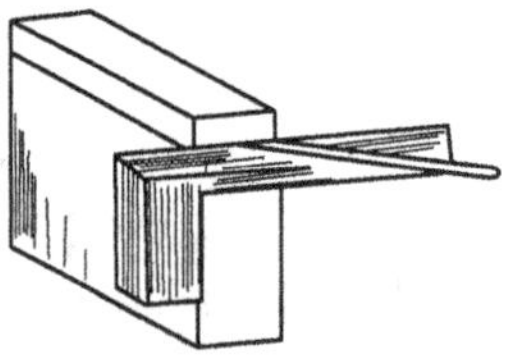	按图样划好线
2	夹紧工件		在台虎钳上夹紧工件
	选择工具		(1)选择合适的锤子，并检查锤子以及手柄是否有裂纹，手柄是否有松动 (2)选择扁錾，检查錾口是否有裂纹。錾子上不能有毛刺

（续）

序号	步骤	图示	说明
3	錾子握法	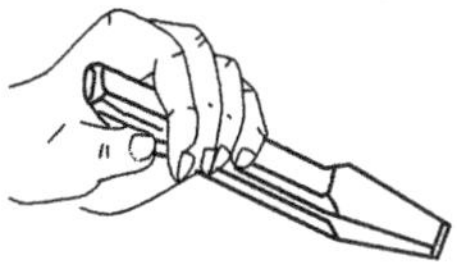	（1）正握法：手心向下，用虎口夹住錾身，拇指和食指自然伸开，其余三指自然弯曲靠拢，握住錾身。这种握法适于在平面上进行錾削
		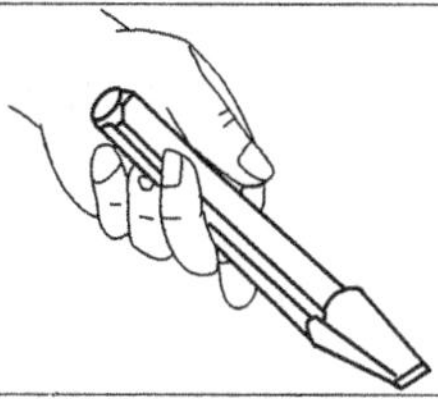	（2）反握法：手心向上，手指自然握住錾柄，手心悬空。这种握法适用于小的平面或侧面錾削
		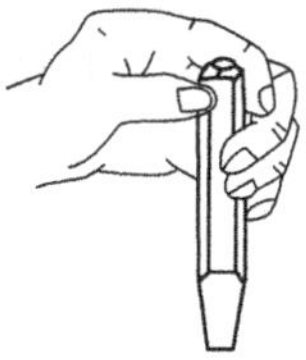	（3）立握法：虎口向上，拇指放在錾子的一侧，其余四指放在另一侧捏住錾子。这种握法适于垂直錾削工件，如在铁砧上錾断材料等
4	锤子握法	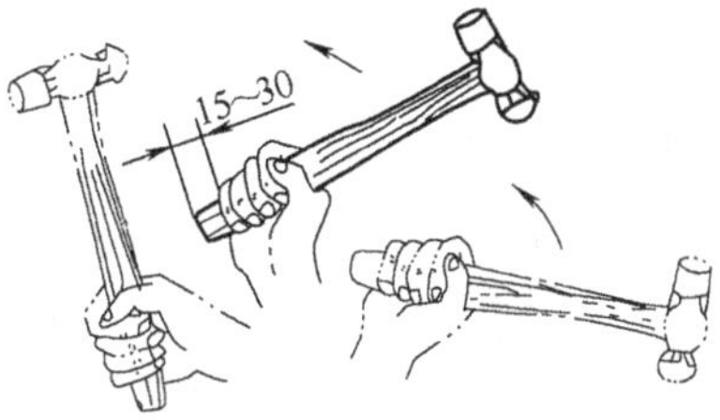	（1）松握法：只有大拇指和食指始终紧握锤柄。在锤打时，中指、无名指和小指依次握紧锤柄；挥锤时则相反，小指、无名指和中指依次放松。这种握法锤击力大，且手不易疲劳 注意：不得戴手套握锤子
		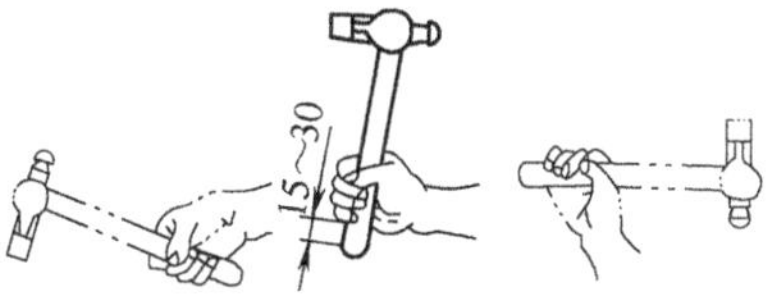	（2）紧握法：用右手五指紧握锤柄，大拇指放在食指上。锤打和挥锤时，5 个手指的握法不变
5	挥锤	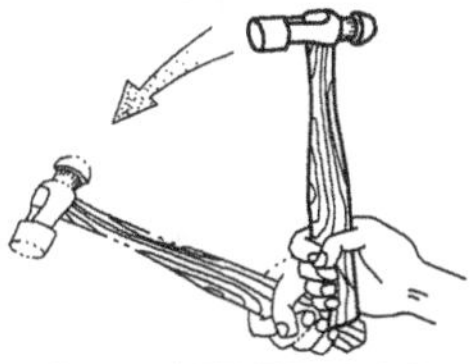	（1）腕挥：只是手腕的运动挥锤，锤击力较小，一般用于錾削的开始和收尾，或錾削油槽、打样冲眼等用力不大的地方
			（2）肘挥：用手腕和肘部一起挥锤，运动幅度大，锤击力较大，应用广泛
			（3）臂挥：手腕、肘部和整个臂一起挥动，其锤击力大，用于需要大力錾削的场合

（续）

序号	步骤	图　　示	说　　明
6	錾削时的步位和姿势	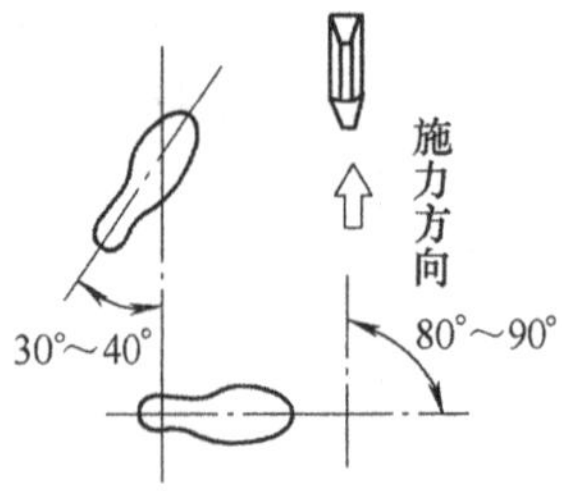 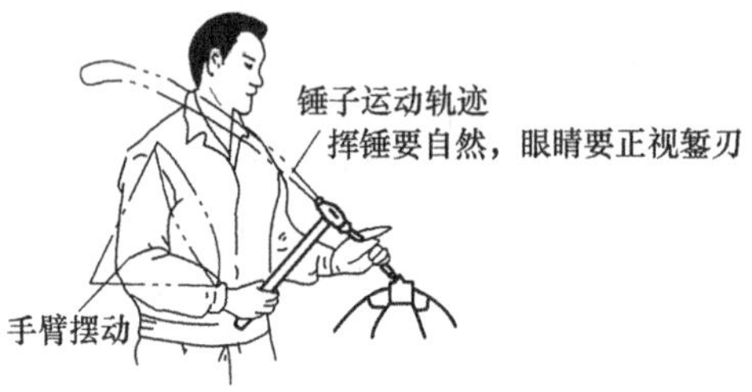	錾削时，操作者的步位和姿势应便于用力 采用肘挥法挥锤，身体的重心偏放于右腿，挥锤要自然，眼睛要正视錾刃，而不是看錾子的头部 锤击速度一般为 40 次/min 左右
7	起錾	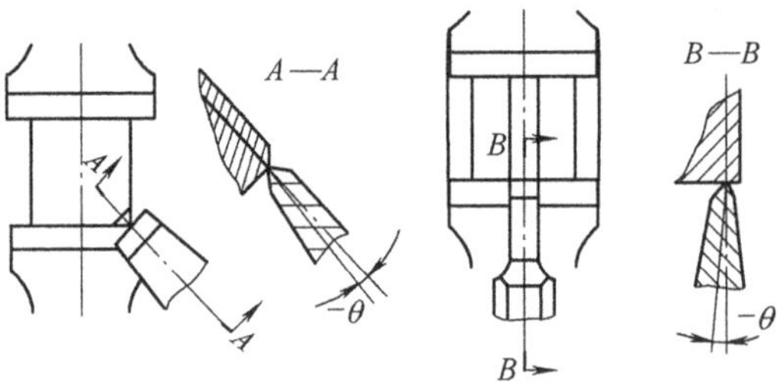 a)　　b)	起錾分斜角起錾（图 a）和正面起錾（图 b），通常使用斜角起錾法
8	正常錾削	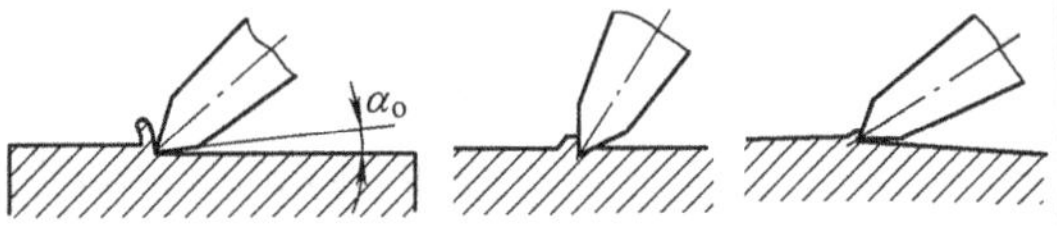 a)　　b)　　c)	正常錾削时须控制好后角 錾削时的后角 $\alpha_o=5°\sim8°$，如图 a 所示 后角过大时錾子易向工件深处扎入，如图 b 所示 后角过小时錾子易滑出，如图 c 所示
9	錾削结束	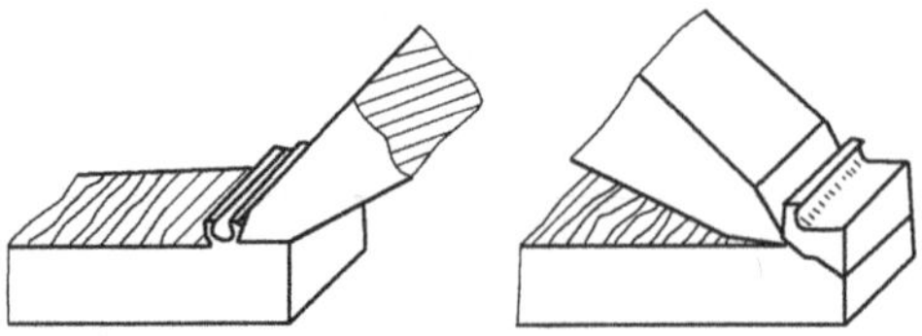 a)　　b)	（1）当錾削接近尽头约 15mm 时，必须调头錾去余下的部分，如图 a 所示，以防边缘崩裂，如图 b 所示 （2）边錾削边检查，直至符合图 4-1 的要求，最后修毛刺，卸下工件，整理各种工、量具

课题三 其他形状工件的錾削

通过本课题的学习，应学会根据要求选择錾子，熟悉不同的錾削方法。

其他形状工件的錾削见表 4-3。

表 4-3 其他形状工件的錾削

序号	内容	图示	说明
1	平面的錾削	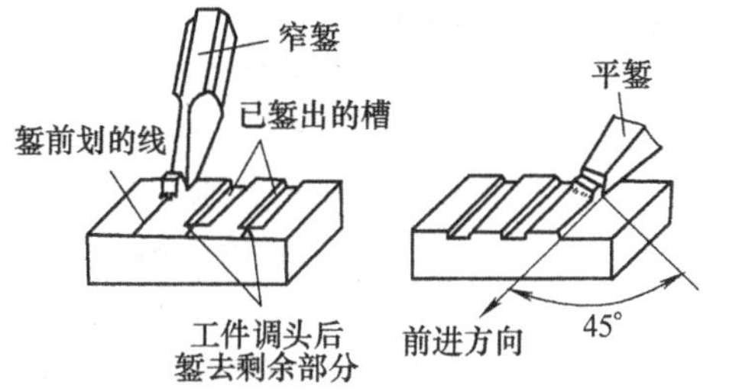 a) b)	(1)较窄的平面可用平錾进行錾削，每次厚度为 0.5~2mm (2)对于宽平面，应先用窄錾开槽，如图 a 所示，再用平錾錾平，如图 b 所示
2	板料的錾削	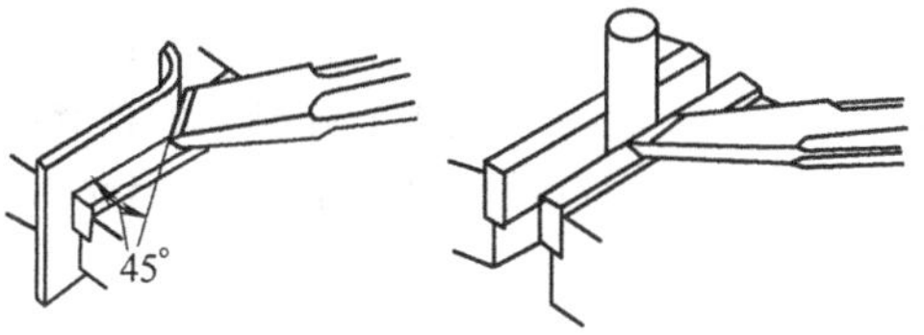	錾断 4mm 以下的薄板和小直径棒料时可以在台虎钳上进行 錾断薄板时，扁錾沿钳口斜对着板料成 45°角自右向左錾削
		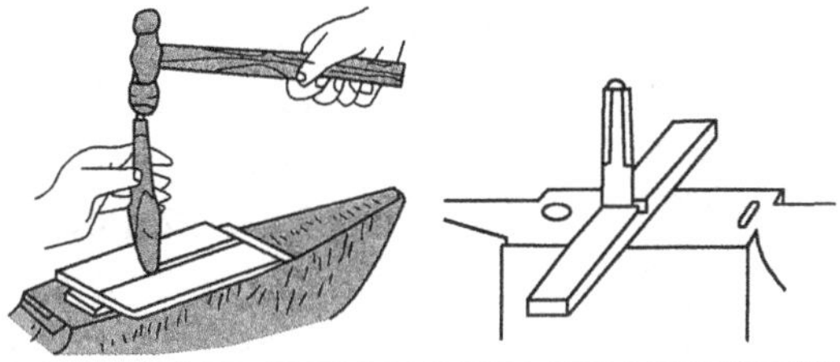	对于较长或较大的板材，可在铁砧上錾断。錾削时，选择切断用的錾子，并且其切削刃应磨有适当的弧形，以便前后錾痕对齐
			用排孔的办法配合錾削板料 (1)当板料轮廓比较复杂时，一般先按要加工的轮廓线划线 (2)用小钻头密集排孔 (3)用尖錾、扁錾逐步錾削
3	油槽的錾削	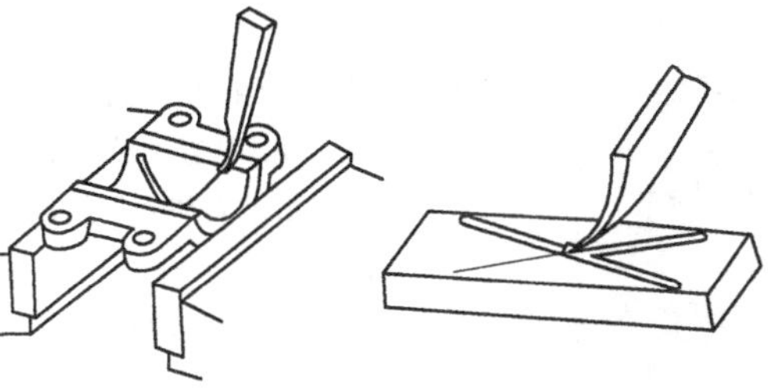	(1)錾油槽前，首先要根据油槽的断面形状对油槽錾的切削部分进行刃磨 (2)在工件表面准确划线，最后一次錾削成形。也可以先錾出浅痕，再一次錾削成形 (3)錾削油槽时，要保持錾削时的后角不变，以使油槽錾得深浅均匀，表面平滑

课题四　錾子的刃磨与热处理

通过本课题的学习，应熟悉錾子的几何角度对錾削质量的影响，学会錾子的刃磨方法及安全注意事项，熟悉錾子的热处理方法。

錾子的刃磨与热处理见表4-4。

表4-4　錾子的刃磨与热处理

序号	内容	图　示	说　明
1	錾子的几何角度	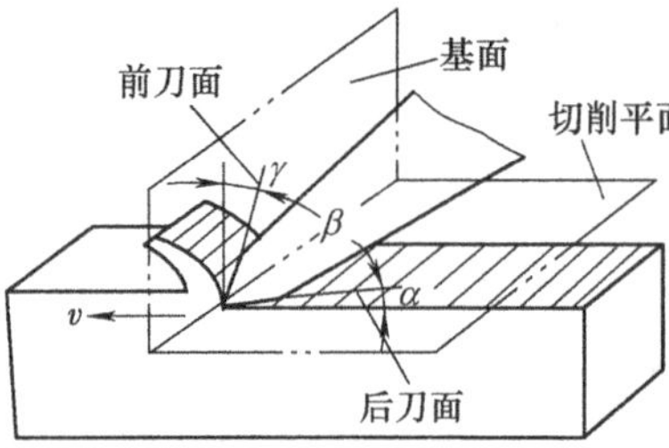	(1)楔角β：前、后刀面的夹角 1）錾削铸铁等硬材料，$\beta=60°\sim70°$ 2）錾削中等硬度材料，$\beta=50°\sim60°$ 3）錾削铜铝等软材料，$\beta=30°\sim50°$ (2)后角α：后刀面与切削平面的夹角。后角可人为控制，一般取后角$\alpha=5°\sim8°$ 后角太大，切入太深；后角太小无法切入 (3)前角γ：前刀面与基面的夹角。錾削硬材料时前角较小，錾削软材料时前角较大
2	錾子的刃磨	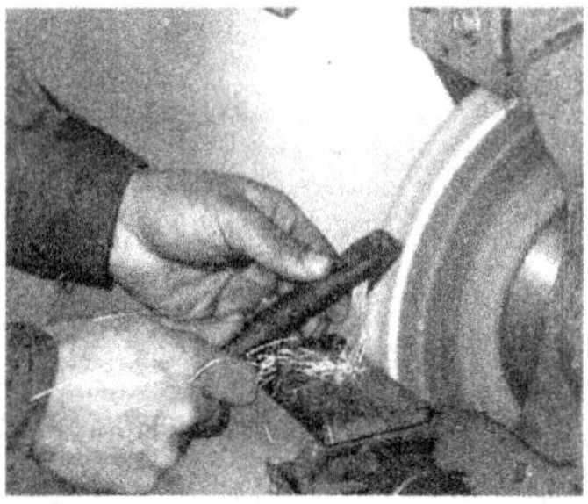	两手一前一后握住錾子，将錾子刃面置于旋转着的砂轮轮缘上，并略高于砂轮的中心，且在砂轮的全宽方向做左右移动。刃磨时要掌握好錾子的方向和位置，以保证所磨的楔角符合要求。前、后刀面要交替磨，以求对称。刃磨时，加在錾子上的压力不应太大，以免刃部因过热而退火，必要时可将錾子浸入冷水中冷却 注意：砂轮机的正确使用 (1)不得正对砂轮机 (2)不得在砂轮机侧面磨削 (3)操作时戴防护眼镜
3	錾子的热处理	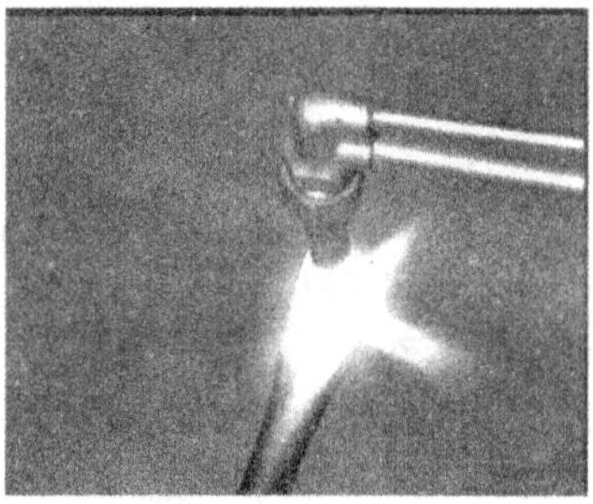	(1)淬火。将錾子切削部分约20mm长的一端均匀加热到750~780°C(呈樱红色)后迅速取出，并垂直地把錾子放入冷水中冷却(浸入深度为5~6mm)，将錾子沿水面微微移动，等冷却到錾子露出水面部分呈黑色时，将錾子取出，即完成淬火 注意：乙炔火焰的安全操作

（续）

序号	内容	图示	说明
3	錾子的热处理		(2)回火。錾子的回火是利用本身的余热进行的。当錾子取出后，迅速擦去氧化皮，观察錾子刃部的颜色变化。一般刚出水时錾子刃口呈白色，随后变成黄色，再变成蓝色。当呈黄色时把錾子全部浸入水中冷却，此时的回火温度称为黄火。当呈蓝色时把錾子全部浸入水中冷却，此时的回火温度称为蓝火。黄火的硬度较蓝火高，但脆性也大，錾削时易断裂，因此一般采用黄蓝火，既保证较高硬度又保证足够的韧性

单元五 锉 削

本单元主要介绍锉削基本知识。通过本单元的学习，应了解锉刀的结构、种类及规格；学会锉刀的选用及锉刀的安装、拆卸方法；掌握锉刀的握法及锉削的正确操作，学会平面锉削的方法；熟悉其他形状工件的锉削方法，熟悉锉削常见问题的产生原因及解决方法，以提高锉削的质量，同时注意安全文明生产。

课题一 锉刀的选用

通过本课题的学习，应熟悉锉刀的结构、种类和规格，学会根据加工要求选用锉刀，学会锉刀的安装、拆卸方法。

锉刀的选用方法见表 5-1。

表 5-1 锉刀的选用方法

序号	名称	图 示	说 明
1	锉刀结构	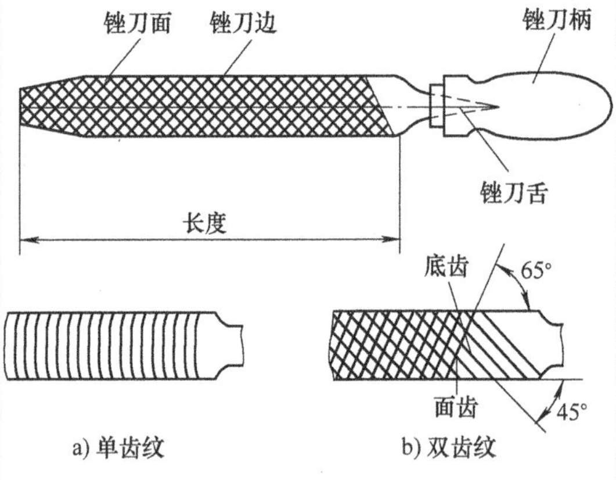	(1)锉刀由高碳钢 T12、T13 等制成 (2)锉刀由锉身和锉柄两部分组成锉刀面是锉削的主要工作面，锉刀边指锉刀的两侧面，锉刀舌用来装锉刀柄 (3)锉刀的齿纹分为单齿纹和双齿纹两种。一般锉刀边做成单齿纹，锉刀面做成双齿纹，底齿角为 45°，面齿角为 65°
2	锉刀的种类及规格	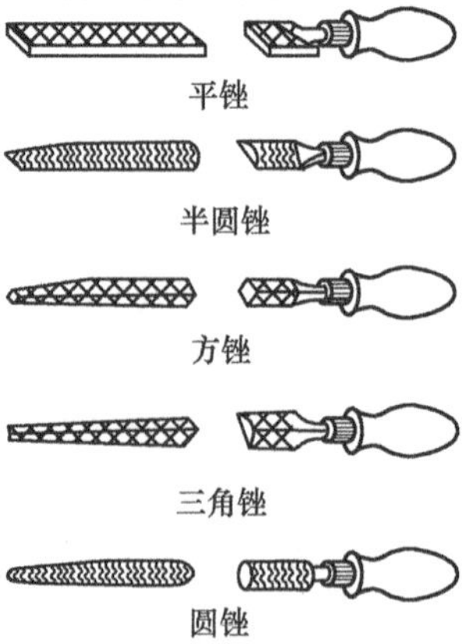	钳工锉按其断面形状分为平锉(板锉)、半圆锉、三角锉、方锉和圆锉 5 种 钳工锉的尺寸规格用锉身的长度表示(方锉用端面边长表示,圆锉用端面直径表示)；粗细规格用 1~5 号锉齿表示

（续）

序号	名称	图示	说明
2	锉刀的种类及规格	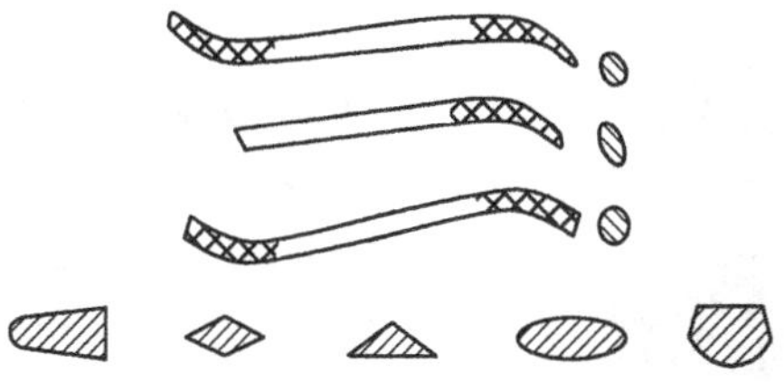	异形锉用来加工工件特殊表面，有刀口锉、菱形锉、扁三角锉、椭圆锉和圆肚锉等几种 特种锉的尺寸规格用锉刀的长度表示
		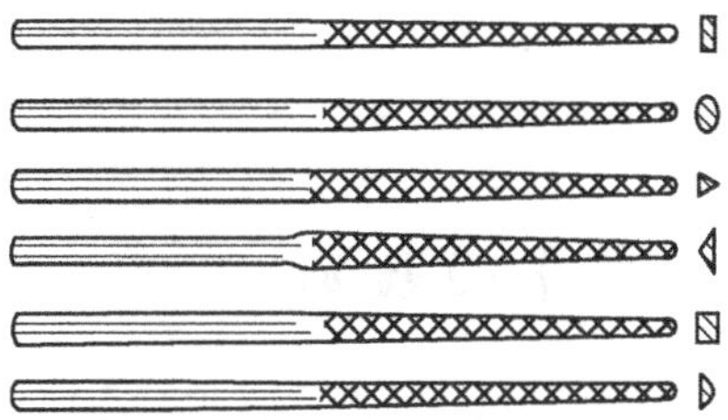	整形锉又叫组锉，因分组配备各种断面形状的小锉而得名，主要用于修整工件上的细小部分 整形锉用每套的支数表示
3	锉刀的选用	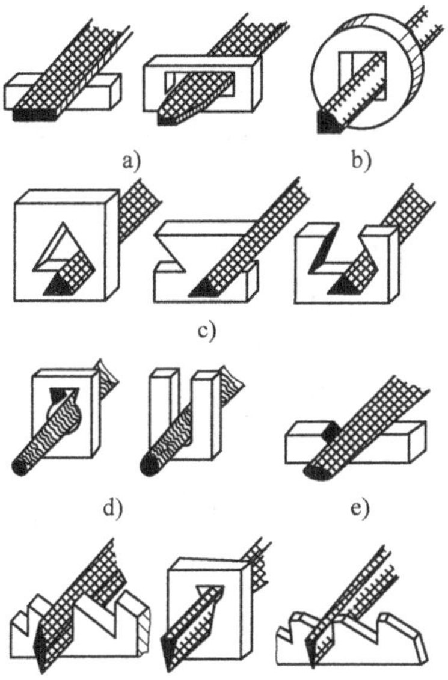 a) b) c) d) e) f)	选择锉刀主要依据两个原则 (1)根据被锉削工件表面形状选用 (2)根据工件材料的性质、加工余量的大小、加工精度、表面粗糙度要求选择合适的锉刀 粗齿锉适用于锉削软材料及加工余量较大、精度要求较低和表面较粗糙的工件 细齿锉适用于锉削硬材料及加工余量小、精度要求较高、表面质量要求较高的工件 油光锉用于最后修光工件表面
4	锉刀的安装与拆卸	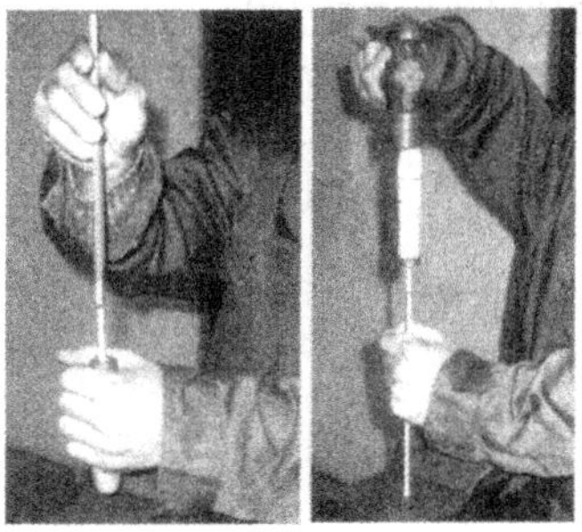 a) b)	锉刀柄的安装有两种方法 第一种方法：右手握锉刀，左手五指扶住锉刀柄，在台虎钳后面的砧面上用力向下冲击，利用惯性把锉刀舌部装入锉刀柄孔内(图a) 第二种方法：左手握住锉刀，先把锉刀轻放入锉刀柄孔内，然后右手用锤子敲击锉刀柄，使锉刀舌部装入锉刀柄孔内(图b)

（续）

序号	名称	图　示	说　明
4	锉刀的安装与拆卸		拆卸锉刀柄时，通常在台虎钳侧面的上止口进行，先把锉刀平放，在锉刀柄水平方向由远及近地加速冲击，至锉刀柄运动至台虎钳止口时突然停住，使锉刀在惯性的作用下与锉刀柄分开，这样做既省力又快

课题二　窄平面锉削

通过本课题的学习，应掌握锉刀的握法，学会锉削的正确操作方法，学会两面锉削的方法及平面检测的方法。

一、课题引入

锉削尺寸为 80mm×55mm×10mm 钢板的平面 3，达到图 5-1 所示的要求。

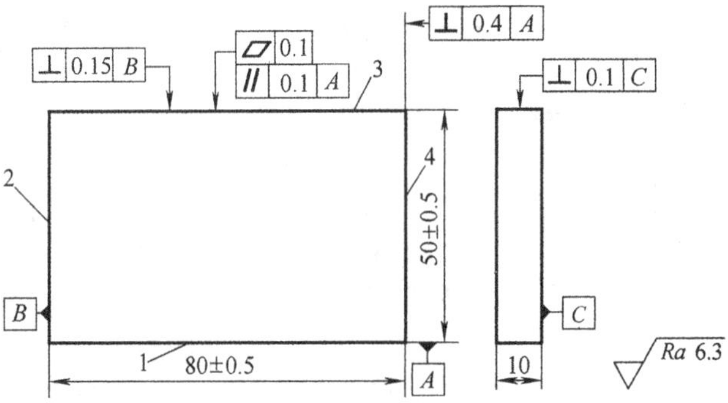

图 5-1　窄平面锉削

二、课题实施

窄平面锉削的步骤和方法见表 5-2。

表 5-2　窄平面锉削的步骤和方法

序号	步骤	图　示	说　明
1	划线	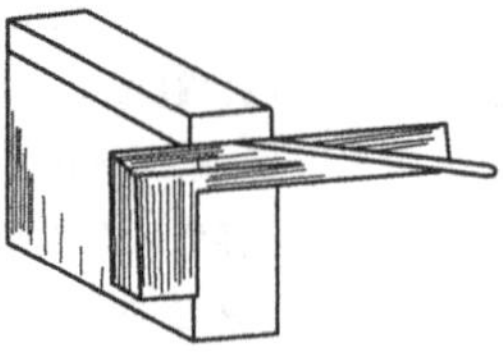	按图样划好线

（续）

序号	步骤	图示	说明
2	夹紧工件		（1）工件夹在台虎钳中间位置上，加工面高出钳口 15~20mm，夹紧力适当 （2）夹持已加工表面须用垫铁，以防夹伤加工表面
3	锉刀握法	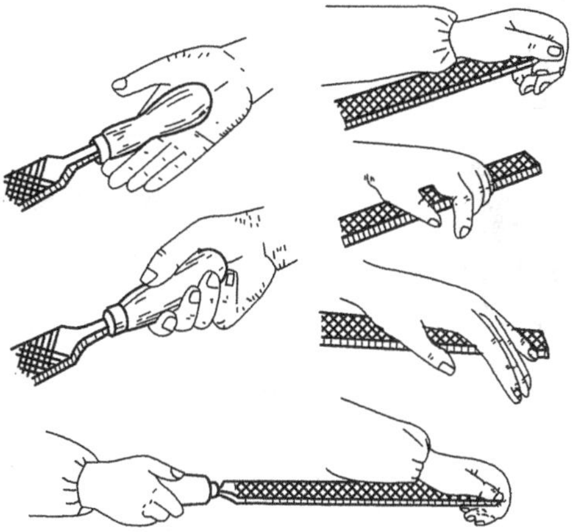	（1）大锉刀的握法：右手心抵着锉刀柄的端头，大拇指放在锉刀柄的上面，其余四指弯在下面，配合大拇指捏住锉刀柄。根据锉刀大小和用力的轻重，左手有多种姿势，如图所示
		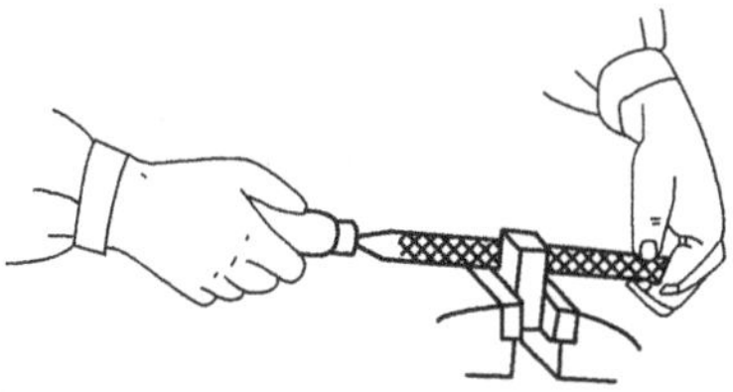	（2）中锉刀的握法：右手握法与大锉刀握法相同，左手用大拇指和食指捏住锉刀前端
			（3）小锉刀的握法：右手食指伸直，拇指放在锉刀柄上面，食指靠在锉刀的刀边，左手几个手指压在锉刀中部 更小锉刀（整形锉）的握法：一般只用右手拿着锉刀，食指放在锉刀上面，拇指放在锉刀的左侧
4	锉削姿势	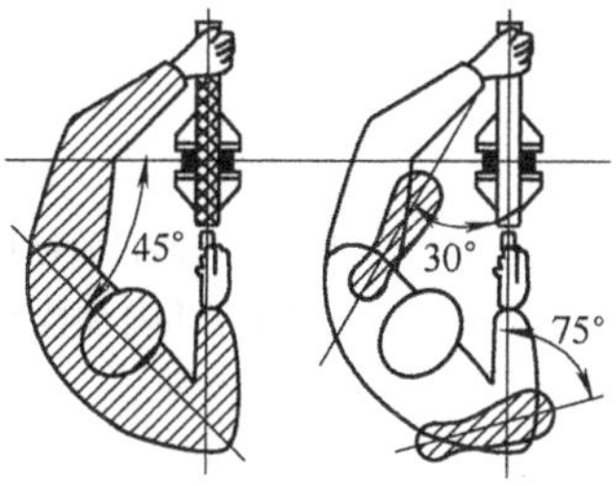	锉削时站立要自然，左手、锉刀、右手形成的水平直线称为锉削轴线。右脚掌心在锉削轴线上，右脚掌长度方向与轴线成75°；左脚略在台虎钳前左方，与轴线成30°；两脚跟之间距离因人而异，通常为操作者的肩宽；身体平面与轴线成45°；身体重心大部分落在左脚，左膝呈弯曲状态，并随锉刀往复运动而相应屈伸，右膝伸直

（续）

序号	步骤	图　示	说　明
5	选择平面锉削方法	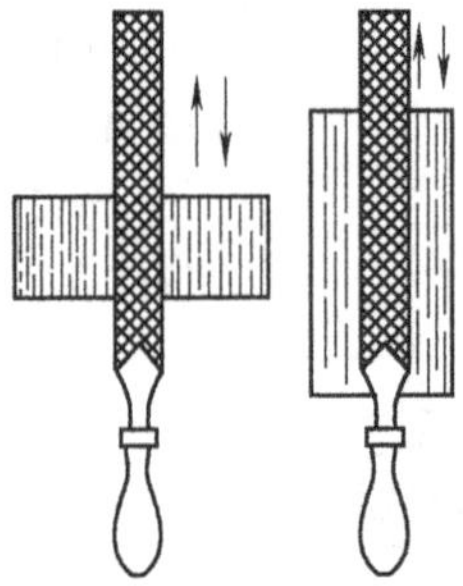	(1)顺向锉法：锉刀沿着工件表面横向或纵向移动，锉削平面可得到正直的锉痕，比较整齐美观，适用于锉削小平面和最后修光工件
		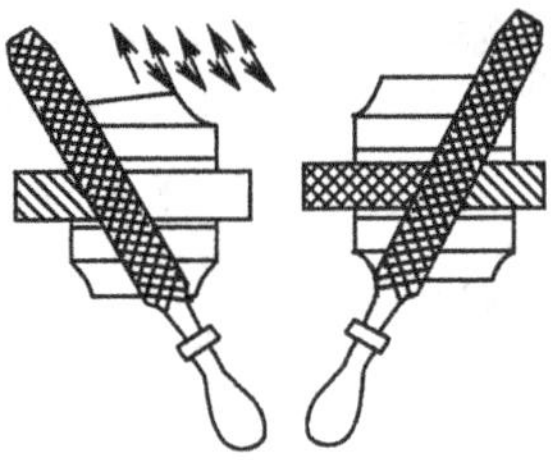	(2)交叉锉法：以交叉的两方向顺序对工件进行锉削。由于锉痕是交叉的，容易判断锉削表面的平面度，因而也容易把表面锉平。交叉锉法去屑较快，适用于平面的粗锉
		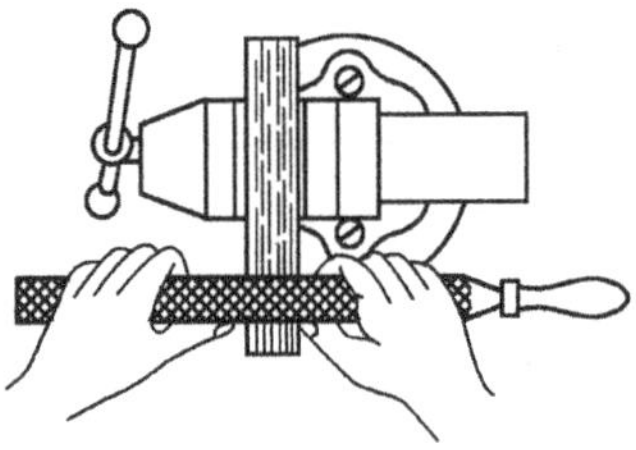	(3)推锉法：两手对称地握住锉刀，用两大拇指推锉刀进行锉削。这种方法适用于在较窄表面已经锉平、加工余量很小的情况下修正尺寸和减小表面粗糙度值
6	锉削		(1)推锉时，锉刀长度推进前1/3行程时，身体前倾15°左右，左膝弯曲度稍增 (2)锉刀长度推进中间1/3行程时，身体前倾18°左右，左膝弯曲度稍增 (3)锉刀推进最后1/3行程时，右肘继续推进锉刀，同时利用推进锉刀的反作用力，身体退回到15°左右
			(4)锉刀回程时，将锉刀略微提起退回，同时手和身体恢复到原来的姿势

（续）

序号	步骤	图示	说明
7	锉削力配置	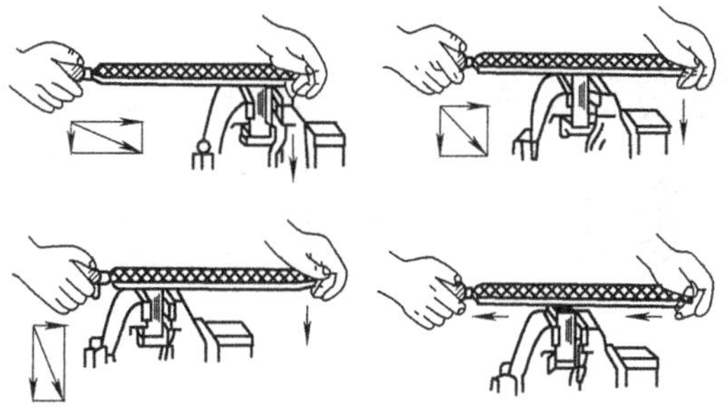	(1)锉削力的配置原则：推锉时，随着锉刀推进，左手压力应由大逐渐减小，右手压力则由小逐渐增大，到中间时两手压力相等 (2)回锉不加力 (3)锉削速度一般为 30～60 次/min。太快，操作者容易疲劳，且锉齿易磨钝；太慢，切削效率低
8	平面度检测完成课题	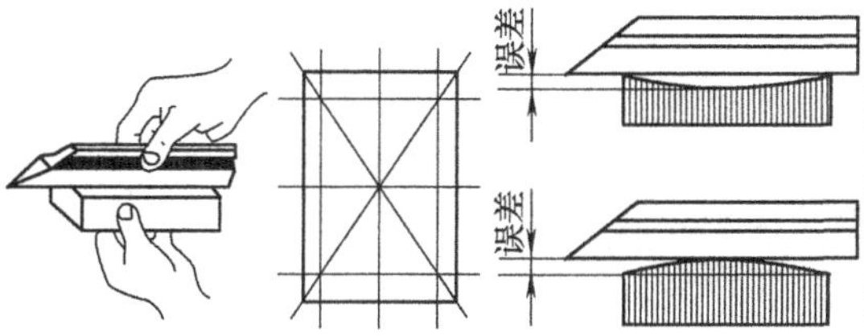	常用刀口尺通过透光法检测锉削面的平面度误差，用刀口形直角尺检查垂直度误差 如果刀口尺与锉削平面间透光强弱均匀，说明该锉削面较平；反之，说明该锉削面不平，其误差值可以用塞尺检查 边锉削边检查，直至符合图 5-1 的要求，最后卸下工件，收好工、量具

课题三　其他形状工件的锉削及锉削常见问题

通过本课题的学习，应熟悉不同形状工件的锉削方法，熟悉锉削常见问题的产生原因及预防方法，提高锉削质量。

一、其他形状工件的锉削(表 5-3)

表 5-3　其他形状工件的锉削

序号	方法	图示	说明
1	凸圆弧面的锉削	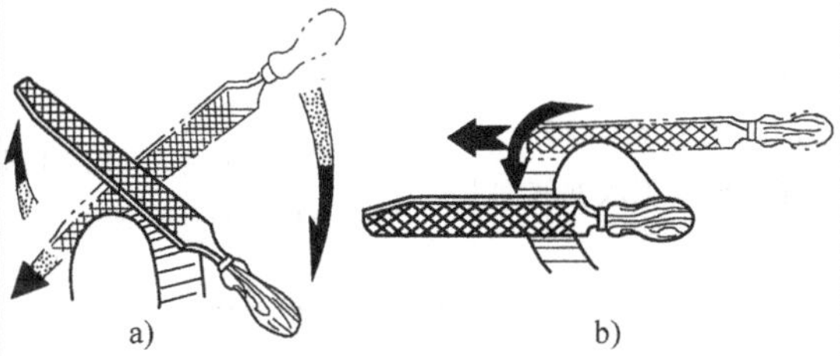	(1)顺向圆弧面锉削：如图 a 所示，锉削时锉刀要同时完成前进运动和围绕工件圆弧中心的转动，这种锉削锉刀位置不易掌握，效率不高，但圆弧面光洁圆滑，用于精锉圆弧面 (2)横向圆弧面锉削：如图 b 所示，锉削时锉刀做直线运动，并不断随圆弧面摆动，把圆弧面锉成非常接近圆弧的多棱面，适用于圆弧面的粗加工

（续）

序号	方法	图示	说明
2	凹圆弧面的锉削	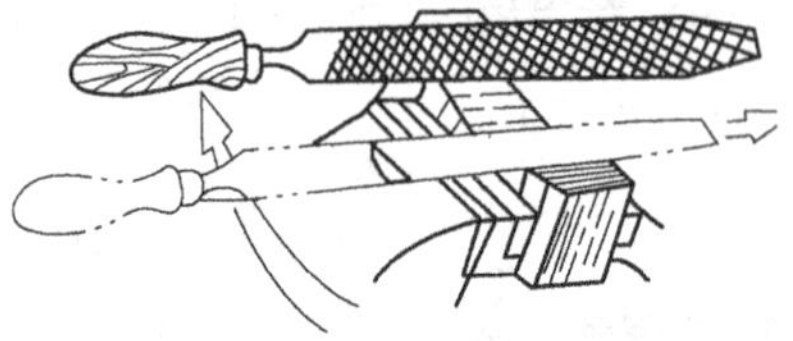	凹圆弧面的锉削：锉削凹圆弧面可用圆锉或半圆锉，锉削时，锉刀要同时完成三个运动，即前进运动、随圆弧面做向左或右的微小移动和围绕锉刀中心线转动
3	球面的锉削	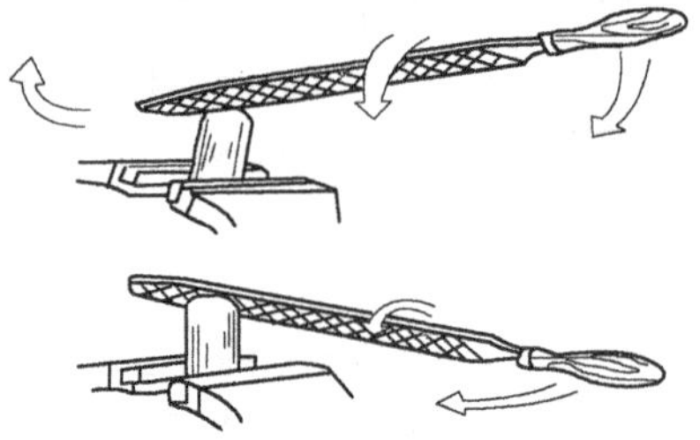	球面锉削是指锉刀完成凸圆弧面锉削复合运动的同时，还必须环绕球中心做周向摆动

二、锉削时常见的问题和预防方法（表 5-4）

表 5-4 锉削时常见的问题和预防方法

序号	常见问题	产生原因	预防方法
1	工件表面夹伤或变形	（1）台虎钳未装软钳口 （2）夹紧力过大	（1）安装软钳口 （2）夹紧力适当
2	工件表面粗糙度超差	（1）锉刀齿纹选用不当 （2）锉纹中间嵌有锉屑未及时清除 （3）粗、精锉削加工余量选用不当 （4）锉削直角边时未选用光边锉刀	（1）选择正确的锉刀齿纹 （2）及时清除锉纹中间的锉屑 （3）选择正确的粗、精锉削加工余量 （4）选择光边锉刀锉削直角边
3	工件尺寸超差	（1）划线不准确 （2）未及时测量尺寸或测量不准确	（1）按图样正确划线并找正 （2）正确、及时测量工件尺寸
4	工件平面度超差（中凸、塌边或塌角）	（1）选用锉刀不当或锉刀面中凸 （2）锉削时双手推力、压力应用不协调 （3）未及时检查平面度误差就改变锉削方法	（1）合理、正确地选择锉刀 （2）锉削时正确用力，动作协调 （3）及时检查平面度误差

单元六 钻孔、扩孔、锪孔和铰孔

本单元主要介绍孔加工的知识。通过本单元的学习，应熟悉各种孔加工的设备、刀具，学会常用设备的使用方法，学会孔加工刀具的装卸方法，学会孔加工的正确操作步骤，牢记安全操作规范，掌握麻花钻的刃磨方法，熟悉各种孔加工缺陷产生的原因并掌握解决方法。

课题一 孔加工设备与工具

通过本课题的学习，应认识钻床设备，认识麻花钻、扩孔钻、锪钻和铰刀，了解其规格，熟悉其类型。

常用孔加工设备与工具见表 6-1。

表 6-1 常用孔加工设备与工具

序号	名称	图示	说明
1	台式钻床		台式钻床简称台钻，主要用于钻孔、扩孔，一般为手动进给，其转速由带轮调节获得。一般台钻的钻孔直径小于 12mm
2	立式钻床		立式钻床又称立钻，一般用于中型工件上的钻孔和其他孔加工 在立式钻床上加工孔时，工件放在工作台上，移动工件使孔与刀具对准中心，然后夹紧工件。其操作比较费时，孔的位置精度也不高，因此立式钻床只适合单件生产、小批生产和机修工作。如果装上专用夹具，立式钻床也可在成批生产中采用

（续）

序号	名称	图示	说明
3	摇臂钻床		摇臂钻床适用于对大中型工件在同一平面内、不同位置的单孔或多孔进行加工，其最大钻孔直径有40mm、63mm、80mm等几种 摇臂钻床的主轴变速范围和进给量的调节范围都很大，除用于钻孔，还能进行扩孔、锪孔、铰孔、镗孔、刮端面和攻螺纹等加工
4	麻花钻	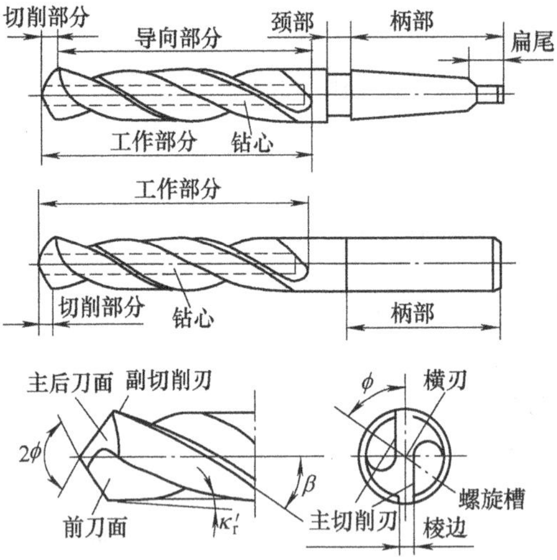	（1）柄部：钻头的夹持部分，传递钻孔时的转矩和进给力，有直柄和锥柄两种。直柄所能传递的转矩相对较小，其钻头直径在13mm以内；直径大于13mm的钻头一般为莫氏锥柄，可以传递较大的转矩。锥柄的扁尾用来增加传递的转矩，便于钻头从主轴孔或钻套中退出 （2）颈部：磨制钻头时供砂轮退刀。钻头的规格、商标等均刻印在颈部 （3）工作部分：包括导向部分与切削部分。导向部分用来保持麻花钻，工作时保持正直的钻削方向，具有修光孔壁的作用，是钻头的备磨部分；切削部分由两条主切削刃、一条横刃、两个前刀面与两个后刀面组成
5	钻夹头	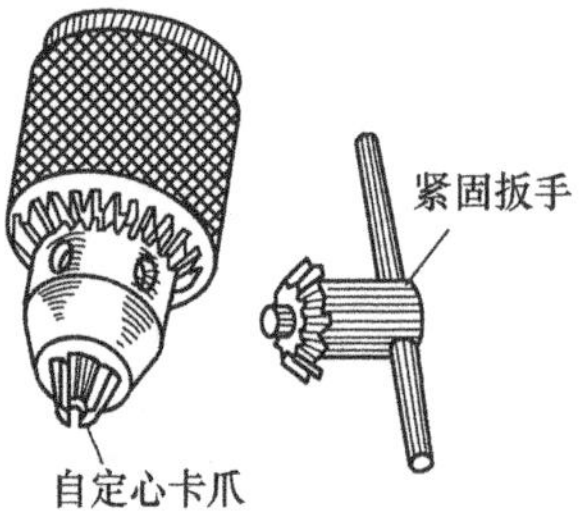	钻夹头是用来夹持13mm以内的直柄钻头的夹具。在钻夹头的三个斜孔内装有带螺纹的卡爪，用紧固扳手（钻夹头钥匙）旋转套筒使三个卡爪同时张开或合拢，从而夹住或卸下钻头
6	钻头套	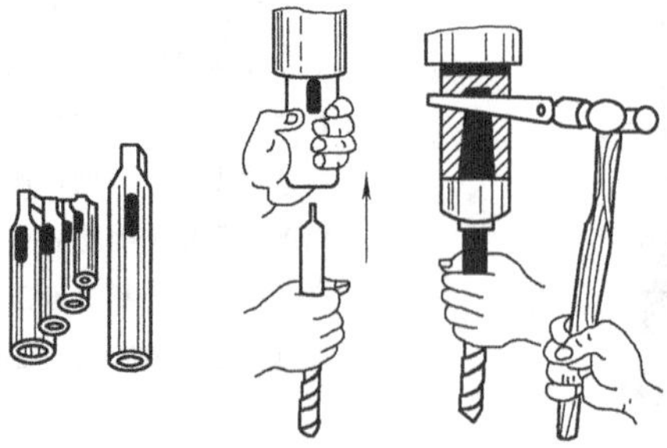 a)　　b)	钻头套如图a所示，用来装夹锥柄钻头和各种孔加工刀具。钻头套共有5种，一般立钻用3号或4号莫氏锥度，摇臂钻床用5号或6号莫氏锥度 钻头套的装、拆方法如图b所示

（续）

序号	名称	图示	说明
7	快换钻头套	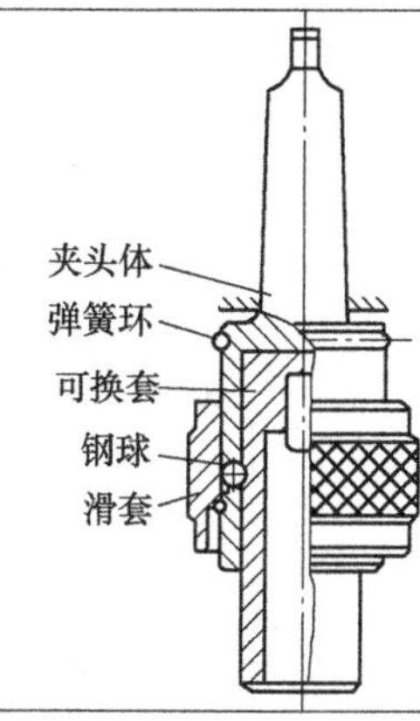	为方便频繁换刀，可以使用快换钻头套。换刀时，用一只手将滑套向上提起，钢珠受离心力的作用而贴于滑套端部的大孔表面，使换套筒不再受钢珠的卡阻，此时另一只手可把装有刀具的可换套筒取出，然后再把另一个装刀具的可换套筒插上，放下滑套，两粒钢珠重新卡入夹头体并随其一起转动
8	扩孔钻	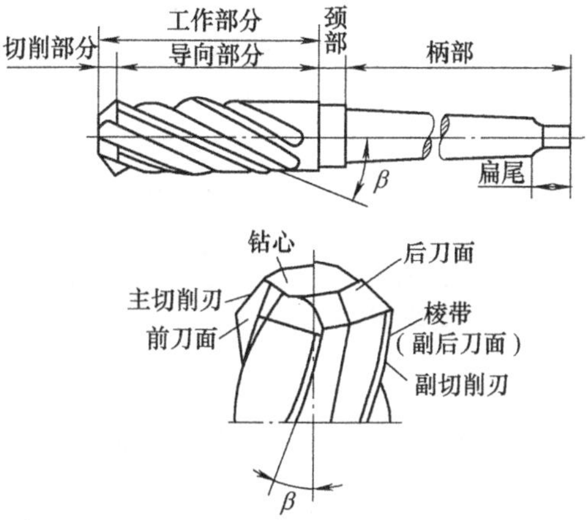	扩孔钻无横刃，切削刃只做成靠外缘的一段扩孔钻有较多的刀齿，增强了导向作用，一般整体式扩孔钻有 3~4 个刀齿
9	柱形锪钻	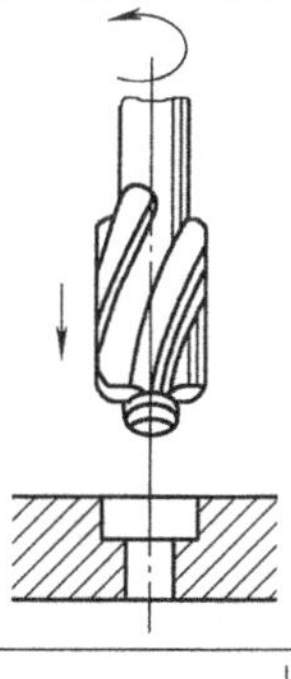	柱形锪钻主要用于锪圆柱形沉孔。柱形锪钻起主要切削作用的是端面刃。柱形锪钻前端有导柱，导柱直径与工件上的孔为紧密的间隙配合，以保证良好的定心和导向
10	锥形锪钻	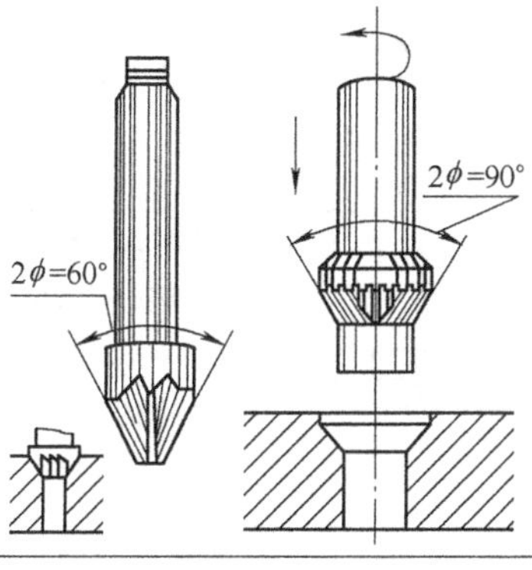	锥形锪钻主要用于锪制圆锥形沉孔。锥形锪钻的锥角按工件上沉孔锥角的不同，有 60°、75°、90°和 120°四种，其中 90°用得最多

（续）

序号	名称	图　示	说　明
11	端面锪钻	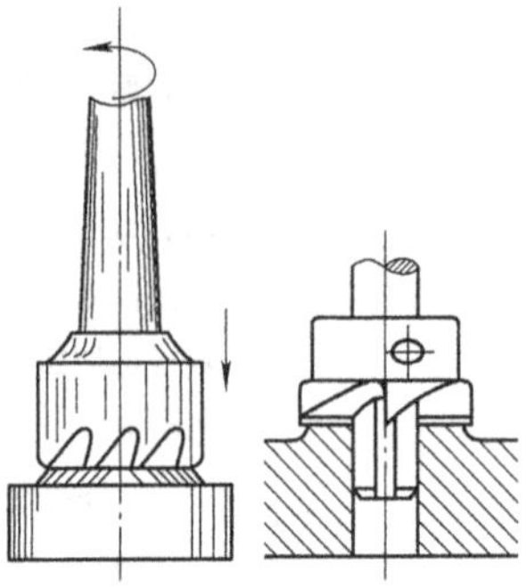	端面锪钻专门用来锪平孔口端面。其端面刀齿为切削刃，前端导柱用来导向定心，以保证孔端面与孔中心线的垂直度
12	整体式圆柱铰刀	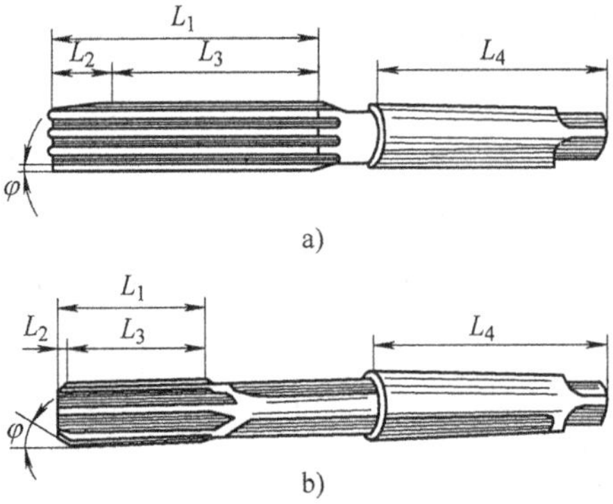 a) b)	(1)用来铰制标准系列孔。图 a 所示为手用铰刀，图 b 所示为机用铰刀 (2)它由工作部分(L_1)、颈部和柄部(L_4)组成 (3)工作部分包括切削部分(L_2,承受主要切削力)和校准部分(L_3 引导铰孔方向与校准孔尺寸) (4)颈部：磨制铰刀时退刀用 (5)柄部：直柄带方榫，仅用于手用铰刀；直柄和锥柄用于机用铰刀
13	可调手铰刀	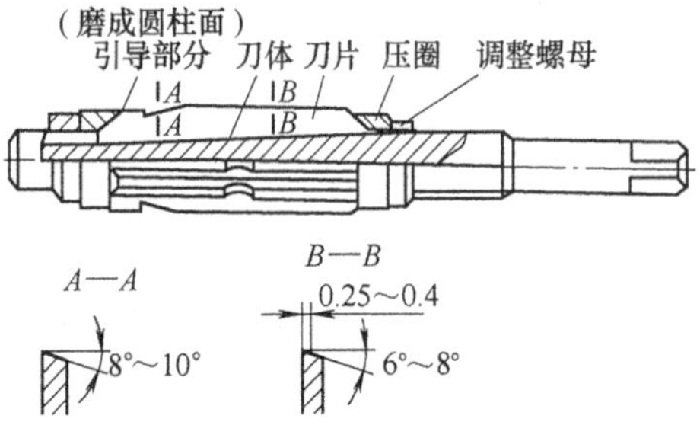	(1)铰制非标准孔用 (2)刀体上开有 6 条斜底槽，具有相同斜度的刀齿条嵌在槽内，两端用大螺母压紧固定 (3)调节两螺母可使铰刀齿条在槽中沿着斜槽移动，从而改变铰刀直径，直径范围为 6~54mm (4)刀体一般用 45 钢制作
14	螺旋槽手铰刀	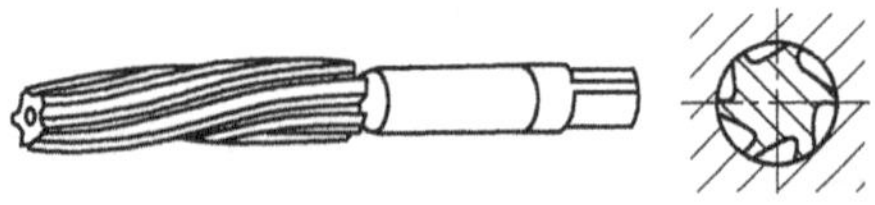	螺旋槽手铰刀用来铰削带有键槽的圆孔。一般螺旋槽的旋向是左旋，以免铰削时因铰刀的正向转动而产生自动旋进的现象。同时，左旋切削刃容易使切屑向下被推出孔外
15	锥铰刀		(1)1∶50 锥铰刀：用于铰削圆锥定位销孔 (2)莫氏锥铰刀：用于铰削 0~6 号莫氏锥孔 (3)1∶10 锥铰刀：用于铰削联轴器上与锥销配合的锥孔 (4)1∶30 锥铰刀：用于铰削套式刀具上的锥孔

课题二　钻孔和扩孔

通过本课题的学习，应掌握不同工件的装夹方式，学会钻头的安装与拆卸方法，学会选择合理的切削参数和切削液，掌握正确的钻孔和扩孔方法，学会刃磨钻头的方法，熟悉钻孔和扩孔的常见问题及解决措施，同时注意安全文明生产。

一、课题引入

在尺寸为 80mm×50mm×10mm 的钢板上钻孔并扩孔，达到图 6-1 的要求。

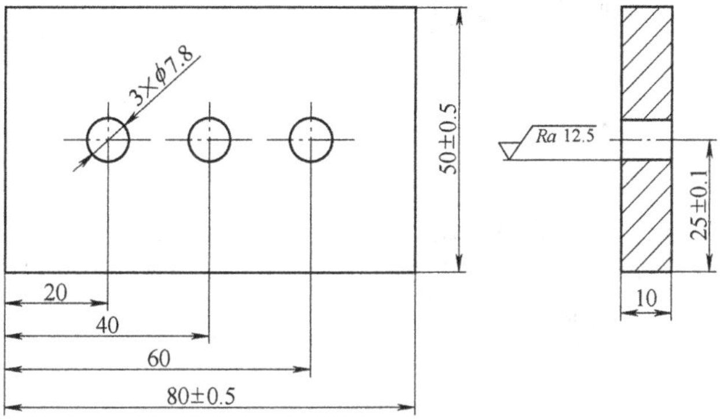

图 6-1　钻孔并扩孔

二、课题实施

钻孔与扩孔的方法步骤见表 6-2。

表 6-2　钻孔与扩孔的方法步骤

序号	步骤	图　　示	说　　明
1	划线		按图样划好线，在孔中心处用样冲打出较大的样冲眼
2	平整工件的装夹	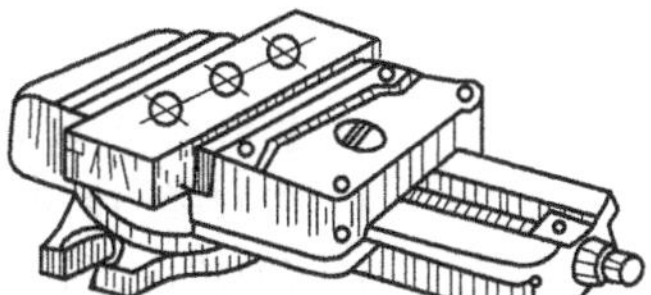	用机用平口钳装夹工件（适于装夹形状平整的工件）。装夹时应保证工件表面与钻头垂直。当钻孔直径大于 8mm 时，须将机用平口钳用螺栓紧固在钻床工作台上。钻通孔时，工件底部应垫上垫块，以免钻伤钳身

（续）

序号	步骤	图示	说明
3	其他类型工件的装夹方式	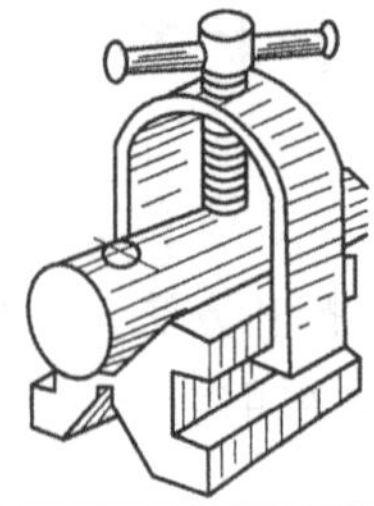	用V形块装夹工件（适于装夹圆形工件）。装夹时应使钻头轴线在V形块中心平面内，以保证钻出的孔中心线通过工件轴线
		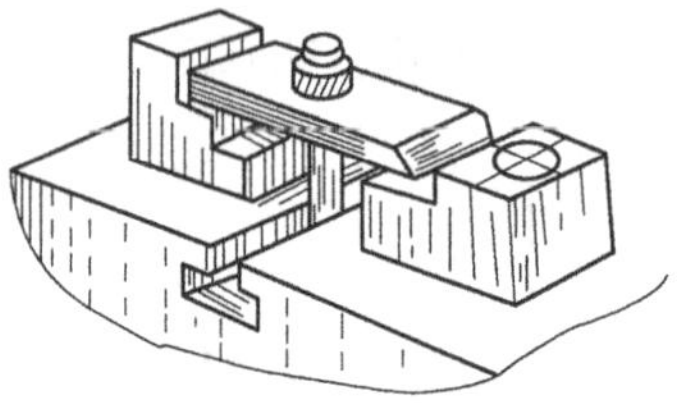	用压板装夹工件（适于尺寸较大、钻孔直径超过10mm且又不便用机用平口钳夹紧的工件）
		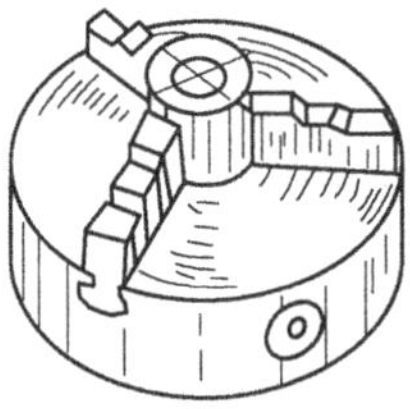	用自定心卡盘装夹工件（适于在圆柱形工件的端面钻孔）
		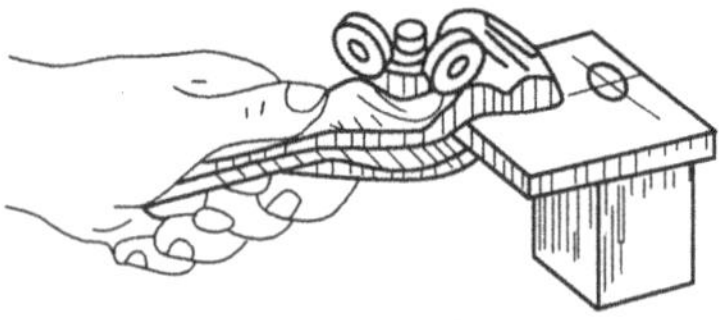	用手虎钳、大力钳装夹工件（适用于小件、小直径孔的加工）
4	安装钻头	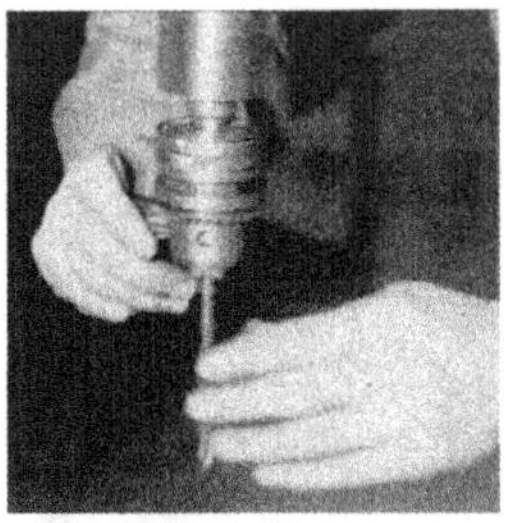	直柄钻头的安装 （1）将钻夹头适当松开 （2）将钻头柄部插入钻夹头卡爪内，其夹持长度不得小于15mm （3）用钻夹头钥匙旋转外套，直到夹紧为止
		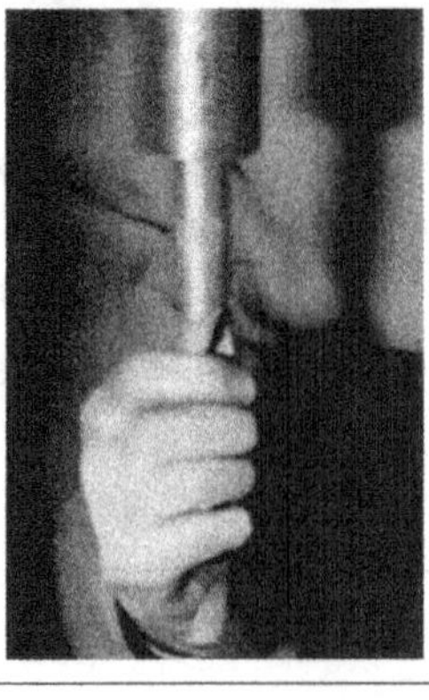	锥柄钻头的安装 （1）擦净过渡套，并将其装好 （2）选好钻头，利用向上的加速冲力一次安装到位

（续）

序号	步骤	图示	说明
5	切削用量		可查阅相关手册确定切削速度、进给量与背吃刀量
6	切削液		(1)钻削钢件：常用机油或乳化液 (2)钻削铝件：常用乳化液或煤油 (3)钻削铸铁件：常用煤油
7	钻孔	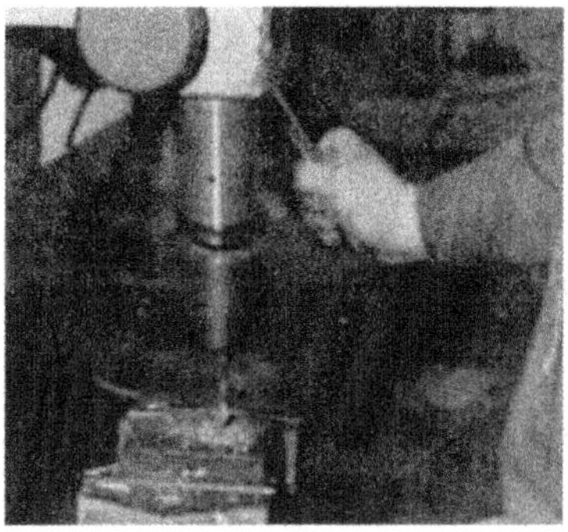	(1)调整位置，使钻尖对准钻孔中心，先钻一浅坑，检查是否对中 (2)正常钻孔时，要及时退出钻头排屑，以免切屑阻塞而扭断钻头 (3)通孔在将要钻穿时，必须减小进给量，以免折断钻头 (4)钻不通孔时，可按钻孔深度调整挡块，并通过测量实际尺寸来控制钻孔深度 (5)钻直径较大的孔（一般直径大于30mm），可分两次钻削，先选用0.5~0.7倍孔直径的钻头钻底孔，然后再用所需直径钻头扩孔
8	安全事项		(1)禁止戴手套操作钻床 (2)禁止手拉或嘴吹钻屑 (3)禁止手持工件钻孔 (4)调整钻床、装卸工件须停车进行
9	斜面钻孔	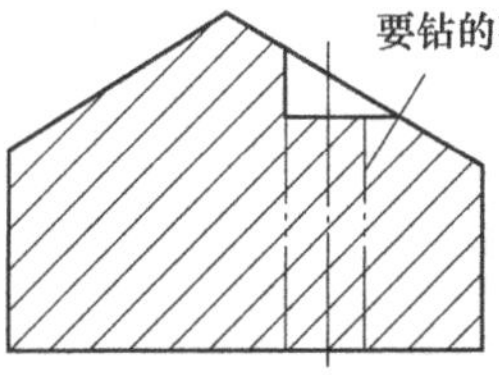	为了在斜面上钻出合格的孔，可用立铣刀或錾子在斜面上加工出一个小平面，然后先用中心钻或小直径钻头在小平面上钻出一个锥坑或浅坑，最后用合适直径的钻头钻出符合要求的孔
10	麻花钻扩孔	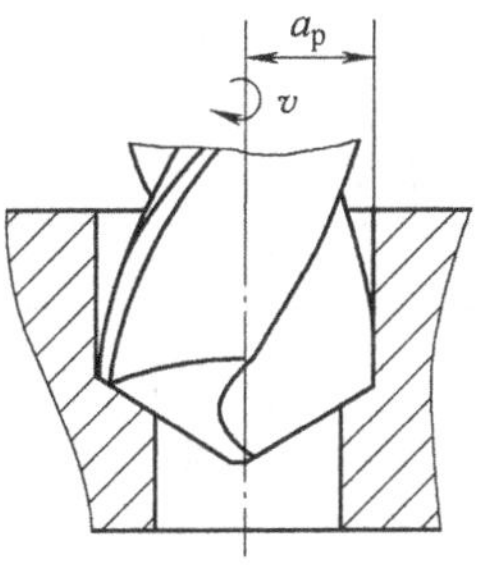	(1)修磨的麻花钻可做扩孔钻使用 (2)钻削直径大于30mm的孔时，先钻一个直径为加工孔径0.5~0.7倍的底孔。扩孔时，切削速度约为钻孔的1/2，进给量为钻孔时的1.5~2倍

（续）

序号	步骤	图　　示	说　　明
11	扩孔钻扩孔	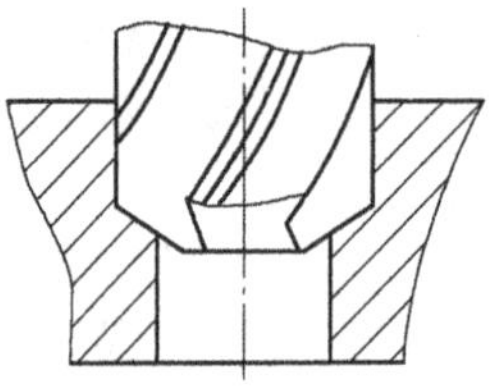	（1）大批量扩孔须用扩孔钻加工 （2）钻孔后直接换上扩孔钻即可进行扩孔加工
12	完成课题		钻孔结束后，卸下工件，整理工、量具

课题三　锪　孔

通过本课题的学习，应学会锪孔钻头的选择和锪孔操作的正确方法，熟悉锪孔的常见问题及解决办法，同时注意安全文明生产。

一、课题引入

在钻削后的带孔钢板上锪孔，达到图 6-2 的要求。

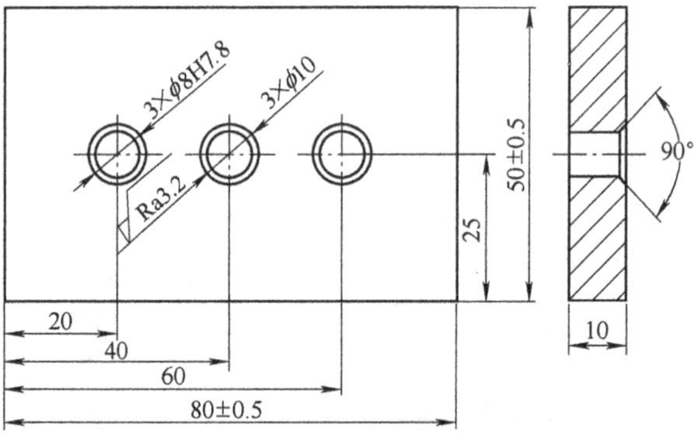

图 6-2　锪孔

二、课题实施

锪孔的步骤与方法见表 6-3。

表 6-3　锪孔的步骤与方法

序号	步骤	图　　示	说　　明
1	装夹		钻孔结束后，无须卸下工件，可直接进行锪孔

（续）

序号	步骤	图　示	说　明
2	锪孔	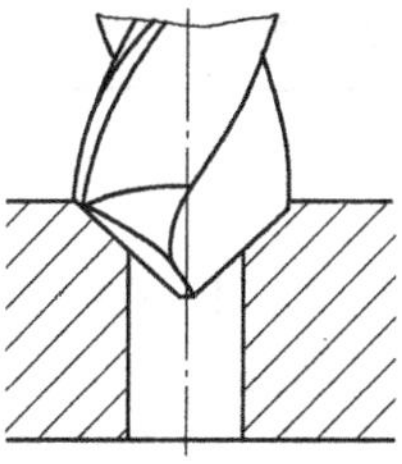	用麻花钻改制钻头锪削锥孔
		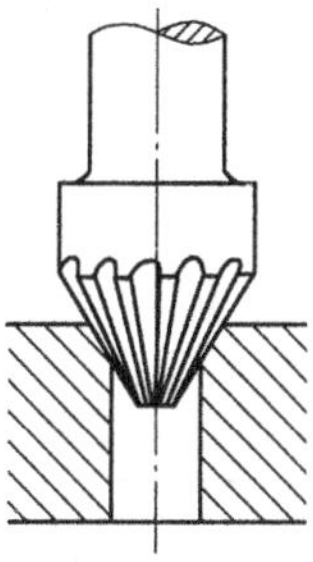	用锥形锪孔钻头锪削锥孔
3	完成课题		锪孔结束后，卸下工件，整理工、量具

课题四　铰　孔

通过本课题的学习，应掌握铰孔的工艺知识，学会选择铰刀和合理的铰削参数，学会手工铰孔的正确操作步骤，学会机用铰刀的使用方法，熟悉铰孔时的常见问题和预防方法，同时注意安全文明生产。

一、课题引入

在钻削后的带孔钢板上铰孔，达到图 6-3 的要求。

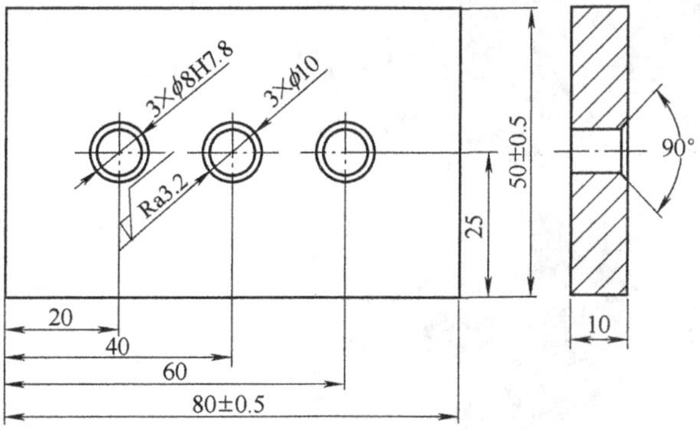

图 6-3　铰孔

二、课题实施

铰孔的步骤与方法见表6-4。

表6-4　铰孔的步骤与方法

<table>
<tr><th>序号</th><th>步骤</th><th colspan="3">图　示</th><th colspan="2">说　明</th></tr>
<tr><td>1</td><td>装夹工件</td><td colspan="3"></td><td colspan="2">将钻(扩)孔后的工件装夹好</td></tr>
<tr><td>2</td><td>选择铰刀</td><td colspan="3"></td><td colspan="2">(1)铰刀直径与被加工孔的公称尺寸相同
(2)上极限偏差=2×被加工孔的公差/3
(3)下极限偏差=被加工孔的公差/3</td></tr>
<tr><td rowspan="2">3</td><td rowspan="2">选择铰削用量</td><td>铰孔直径/mm</td><td><5</td><td>5~20</td><td>21~32</td><td>33~50</td></tr>
<tr><td>铰孔余量/mm</td><td>0.1~0.2</td><td>0.2~0.3</td><td>0.3</td><td>0.5</td></tr>
<tr><td>4</td><td>切削液</td><td colspan="3"></td><td colspan="2">铜：5%~8%乳化液
铝：煤油
钢：(1)10%~20%乳化液
　　(2)工业植物油
铸铁：可不用</td></tr>
<tr><td>5</td><td>切削速度</td><td colspan="3"></td><td colspan="2"><table><tr><td>加工材料</td><td>切削速度/(m/min)</td><td>进给量/(mm/r)</td></tr><tr><td>铸铁</td><td>≤10</td><td>0.8</td></tr><tr><td>钢</td><td>≤8</td><td>0.4</td></tr></table></td></tr>
<tr><td>6</td><td>检查铰刀</td><td colspan="3"></td><td colspan="2">用纱布将铰刀擦干净，若切削刃有毛刺等切削粘附，可用磨石小心磨去</td></tr>
<tr><td>7</td><td>手铰起铰</td><td colspan="3">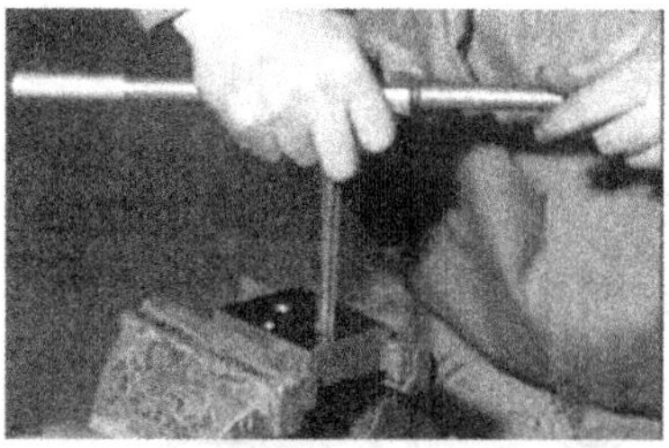</td><td colspan="2">用手用铰刀起铰时，右手握住铰杠中心，并沿铰刀轴线向下施加压力，左手顺势辅助铰刀做顺时针方向转动</td></tr>
<tr><td>8</td><td>正常铰孔</td><td colspan="3">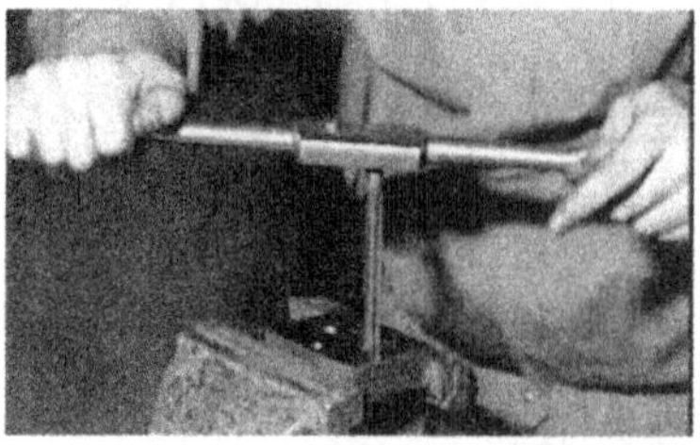</td><td colspan="2">(1)正常铰孔时，保持铰杠水平，两手平衡用力，旋转速度均匀、平稳。铰孔时不得摇动铰刀
(2)铰孔完毕，不允许反转退刀，应按切削方向一面旋转一面向上提刀，以免刃口磨钝</td></tr>
</table>

（续）

序号	步骤	图示	说明
9	排屑		铰孔时必须常取出铰刀用毛刷清理切屑，以防止切屑粘附在切削刃上拉伤孔壁
10	钻床铰孔		(1)机铰时，尽量在一次装夹中钻孔、铰孔，以保证铰刀中心线与钻孔中心线一致。否则先用手用铰刀引导铰刀，再开动钻床铰孔 (2)降低钻床转速 (3)加切削液 (4)铰孔完毕，先退刀，后停车，以防拉伤孔壁
11	完成课题		铰孔完毕，卸下工件，整理工、量具

知识拓展

一、麻花钻的刃磨

1. 麻花钻的切削角度(表 6-5)

表 6-5 麻花钻的切削角度

序号	名称	图示	说明
1	顶角 2ϕ	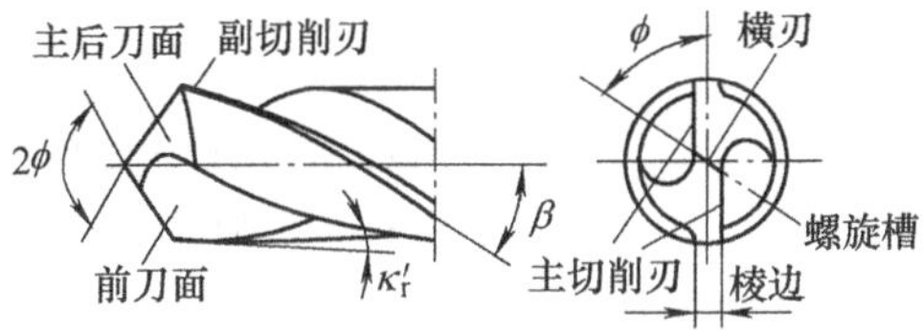	顶角：钻头两主切削刃在 *M—M* 面上投影所夹的角。标准麻花钻的顶角为 118°±2°
2	螺旋角 β		螺旋角：主切削刃上最外缘处螺旋线的切线与钻头轴线之间的夹角
3	前角 γ_o	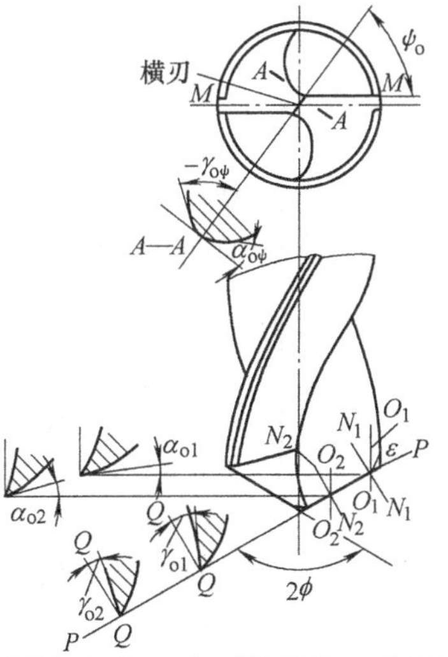	前角：主切削刃上任一点的基面与前刀面之间的夹角
4	后角 α_o		后角：后刀面与切削平面之间的夹角
5	横刃斜角 ψ_o		横刃斜角：在钻头端面投影内，横刃与主切削刃的夹角。标准麻花钻的横刃斜角为50°～55°
6	副后角 α_1		副后角：副切削刃(棱刃)上副后刀面(棱边)与孔壁切线之间的夹角。标准麻花钻的副后角为0°

2. 麻花钻的刃磨(表 6-6)

表 6-6　麻花钻的刃磨

序号	名称	图　示	说　明
1	选择砂轮		一般采用粒度为 F46~F80、硬度适中的氧化铝砂轮为宜。砂轮旋转必须平稳
2	刃磨钻头	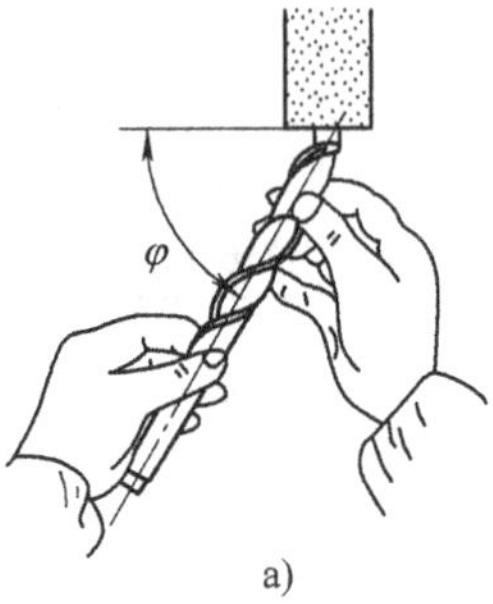 a) 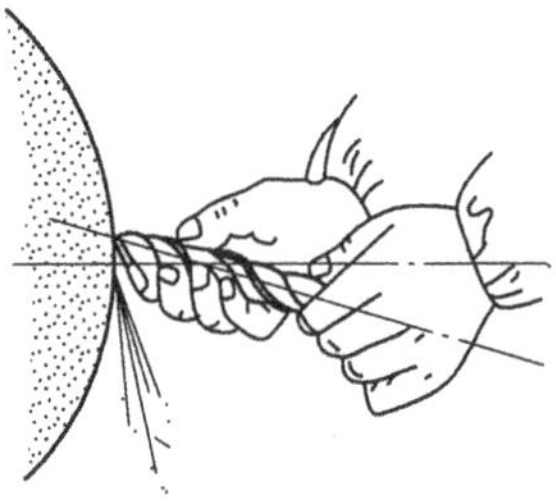 b)	(1)右手握住钻头的导向部分前端，作为定位支点，左手握住钻头的柄部 (2)钻头的中心线与砂轮面成 ϕ 角，被刃磨的主切削刃处于水平位置 (3)刃磨时，右手使钻头绕其轴线转动，同时掌握好钻头对砂轮的压力，左手使钻头做上下扇形摆动 (4)随着柄部向下倾斜，钻头绕其轴线向上逐渐旋转 15°~30°，将后刀面磨成完整的曲面。旋转时，加在砂轮上的压力也逐渐增加，返回时压力逐渐减小 (5)刃磨 1~2 次后，转过 180°刃磨另一面
3	钻头热处理		刃磨时，为防止钻头过热退火，应适时将钻头浸入水中冷却
4	刃磨检验	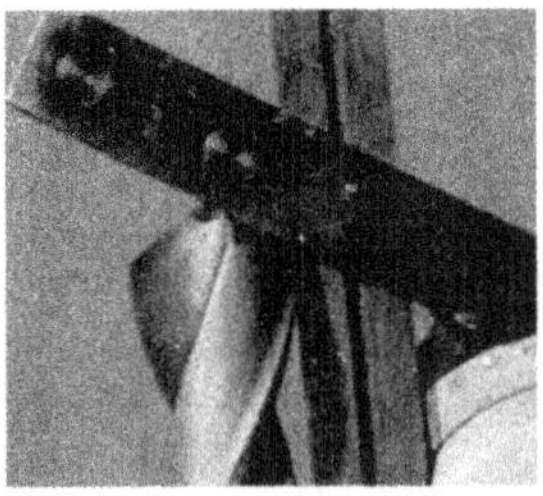	(1)量角器测量法：角尺的一边贴在麻花钻的棱边上，另一边在钻头刃口上测量刃长和角度，然后转过 180°检查即可
			(2)目测法：将钻头垂直竖在与眼睛等高的位置上，用肉眼观察两刃的长短和高低及后角等。为防止产生视觉误差，要求旋转 180°反复观察。如结果一样，说明是两刃对称的

二、麻花钻钻孔时常见的问题与预防方法(表 6-7)

表 6-7 麻花钻钻孔时常见的问题与预防方法

序号	常见问题	产生原因	预防方法
1	孔径偏大	(1)切削刃长度不等或顶角不对称 (2)钻头横刃太长 (3)钻头弯曲 (4)钻床主轴摆动太大	(1)刃磨钻头，保证切削刃对称 (2)修磨钻头横刃 (3)更换钻头 (4)调整钻床
2	钻孔歪斜	(1)工件表面与钻头轴线不垂直 (2)进给量太大，以至钻头弯曲 (3)横刃太长，定心不良	(1)正确安装工件 (2)降低进给量 (3)修磨钻头横刃，使其符合要求
3	钻孔位置偏移	(1)划线或样冲眼中心不准 (2)工件装夹不稳固 (3)未试钻，钻孔开始未找正 (4)钻头横刃太长	(1)正确划线并找正 (2)正确装夹工件，夹紧牢固 (3)试钻并找正 (4)修磨钻头横刃
4	孔壁粗糙	(1)钻头不锋利 (2)进给量太大 (3)后角太大 (4)冷却润滑不充分 (5)未及时排屑	(1)刃磨钻头 (2)降低进给量 (3)正确选择后角 (4)正确选择切削液，并充足供应 (5)及时提刀排屑
5	钻头工作部分折断	(1)钻头太钝 (2)进给量太大 (3)切屑堵塞 (4)孔钻穿时未减小进给量 (5)工件装夹松动 (6)钻薄板时未修磨钻头，造成扎刀 (7)钻孔已偏斜却继续工作 (8)钻削铸铁时，遇到缩孔	(1)刃磨钻头 (2)进给量太大 (3)及时排屑 (4)孔快钻通时，减小进给量 (5)夹紧工件 (6)选择合适的钻头 (7)起钻时一定先校正 (8)对可能有缩孔的铸件，要适当减小进给量
6	切削刃磨损	(1)切削速度太高，润滑不充分 (2)钻头刃磨不适合工件材料	(1)调整切削速度，充分润滑 (2)重新刃磨钻头以适合工件材料

三、扩孔时常见的问题与预防方法(表 6-8)

表 6-8 扩孔时常见的问题与预防方法

序号	常见问题	产生原因	预防方法
1	孔径偏大	(1)扩孔钻切削刃摆差大 (2)扩孔钻刃上有积屑瘤 (3)安装扩孔钻时，锥柄表面不干净	(1)刃磨时控制切削刃摆差范围 (2)用磨石修磨刃口 (3)安装扩孔钻时，锥柄要擦干净

（续）

序号	常见问题	产生原因	预防方法
2	孔壁粗糙	(1)切削用量过大 (2)切削液选择不当或供应不足 (3)扩孔钻已磨损	(1)重新选择切削用量 (2)选择合适的切削液并保证充足供应 (3)更换钻头
3	扩孔位置偏移	(1)导向套配合间隙太大 (2)主轴与导向套同轴度误差大 (3)主轴轴承松动	(1)调整导向套配合间隙 (2)调整机床 (3)调整或更换主轴轴承

四、锪孔时常见的问题与预防方法(表 6-9)

表 6-9　锪孔时常见的问题与预防方法

序号	常见问题	产生原因	预防方法
1	锪面粗糙	(1)锪孔钻头已磨损 (2)切削液选择不当或供应不足	(1)刃磨锪孔 (2)选择合适的切削液并保证充足供应
2	锪面呈凹凸形	锪钻切削刃与刀杆旋转轴线不垂直	正确刃磨和安装锪钻
3	锪面呈多角形	(1)切削速度过高 (2)切削液选择不当 (3)工件装夹不牢固 (4)锪钻前角太大，有扎刀现象	(1)选择合适的切削速度 (2)选择合适的切削液 (3)工件装夹要牢固 (4)重新刃磨锪钻

五、铰孔时常见的问题与预防方法(表 6-10)

表 6-10　铰孔时常见的问题与预防方法

序号	常见问题	产生原因	预防方法
1	孔径偏大	(1)铰刀选择不正确 (2)手工铰孔时，铰刀晃动 (3)机铰时，铰刀与孔轴线不重合 (4)切削速度过高	(1)正确选择铰刀 (2)掌握正确的手工铰孔要领 (3)保证铰刀与孔轴线重合 (4)合理选择切削用量
2	孔径偏小	(1)铰刀已磨钝 (2)铰削铸铁加了煤油润滑	(1)更换铰刀 (2)铰削铸铁不许加煤油润滑
3	孔壁粗糙	(1)铰削余量不均匀或余量太小 (2)铰刀刃口磨钝，表面粗糙 (3)切削速度太高 (4)切削液选择不正确 (5)铰孔排屑不畅	(1)正确确定底孔直径，提高底孔钻孔质量 (2)更换铰刀 (3)选择合适的切削速度 (4)正确选择切削液 (5)保证铰孔排屑畅通
4	铰孔不圆	(1)手工铰削时产生振动 (2)机铰时刚性不足产生振动 (3)铰孔余量偏小，不对称 (4)铰刀刃带窄	(1)掌握正确的手工铰孔要领 (2)机铰时保证足够刚度 (3)保证底孔质量，铰孔余量对称 (4)更换铰刀

单元七 攻螺纹和套螺纹

本单元主要介绍螺纹加工的知识。通过本单元的学习，应熟悉螺纹的主要参数，认识螺纹加工的设备和工具，学会外螺纹和内螺纹的不同加工方法，熟悉螺纹加工中的常见问题并掌握解决的措施，同时注意安全文明生产。

课题一 攻螺纹与套螺纹工具

通过本课题的学习，应熟悉螺纹的主要参数，认识外螺纹、内螺纹和管螺纹加工工具，掌握其类型和规格。

常用螺纹加工设备与工具见表7-1。

表7-1 常用螺纹加工设备与工具

序号	名称	图示	说明
1	丝锥	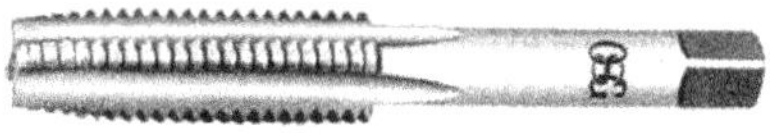	(1)丝锥是加工较小直径内螺纹的刀具，常用合金工具钢制造 (2)根据使用方法不同，丝锥可分为手用丝锥和机用丝锥 (3)常用的M6~M24手用丝锥一套有两支，有头锥和二锥之分。M6以下及M24以上的丝锥一套有3支，即头锥、二锥、三锥
2	铰杠		(1)铰杠用来夹持丝锥柄部的方榫，以带动丝锥旋转，切削内螺纹 (2)铰杠有普通铰杠和丁字形铰杠两类，每类又分为固定式与可调式两种 (3)铰杠长度根据丝锥尺寸大小进行选择
3	圆板牙		(1)圆板牙是用来加工外螺纹的刀具，常用合金工具钢制造 (2)圆板牙外形像圆螺母，其外圆上有4个锥坑，用于定位与坚固板牙；内孔上钻有3~5个排屑孔，合并成切削刃

（续）

序号	名称	图　　示	说　　明
4	板牙架	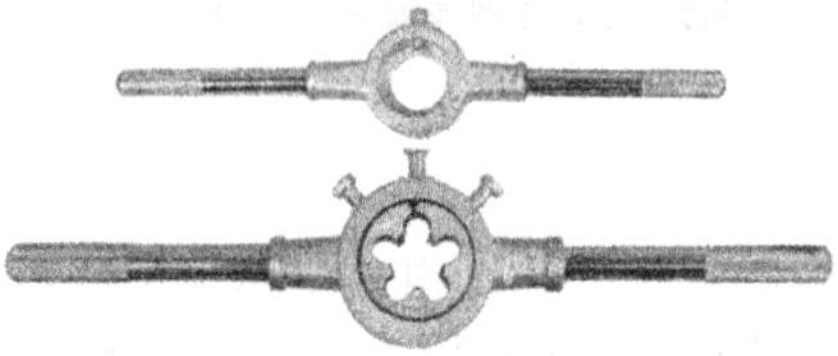	(1)板牙架用来夹持圆板牙、传递转矩 (2)板牙架须与板牙匹配
5	活络管子板牙		活络管子板牙用来套管子外螺纹用，通常4块为一组，镶嵌在可调的管子板牙架内
6	管子板牙架		管子板牙架用来夹持活络管子板牙，传递转矩

课题二　攻　螺　纹

通过本课题的学习，应掌握螺纹底孔直径和长度的确定方法，学会选择合适的丝锥，学会攻螺纹的正确操作步骤及注意事项，熟悉攻螺纹时的常见问题，并学会解决措施，同时注意安全文明生产。

一、课题引入

手工攻螺纹M10，达到图7-1所示的要求

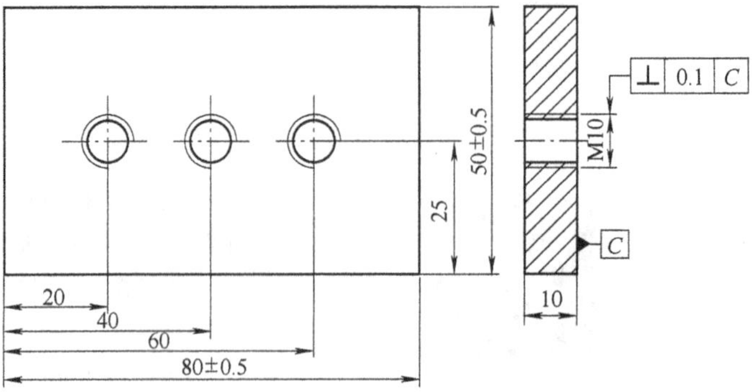

图7-1　手工攻螺纹

二、课题实施

攻螺纹的方法与步骤见表 7-2。

表 7-2　攻螺纹的方法与步骤

序号	步骤	图　示	说　明
1	确定底孔直径		底孔直径可查手册或按经验公式计算 (1)在铸铁类脆性材料上攻螺纹时，底孔直径 $d_0=D-1.1P$ (2)在钢类塑性材料上攻螺纹时，底孔直径 $d_0=D-P$ D 为螺纹大径，P 为螺距
2	确定底孔深度		攻不通孔螺纹时，底孔长度须大于所攻螺纹的有效长度 底孔深度=螺纹深度+0.7D D 为螺纹大径
3	钻底孔	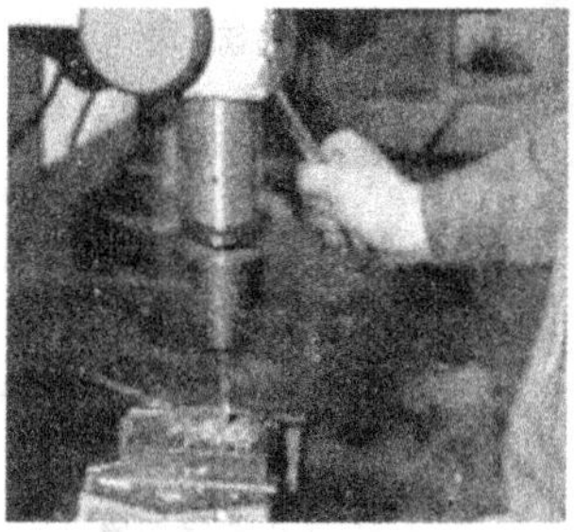	按钻孔方法进行钻孔
4	孔口倒角		(1)攻螺纹前须进行孔口倒角，以利于丝锥的定位与切入 (2)倒角深度应大于螺纹螺距
5	装夹工件		正确装夹工件，保证底孔中心线与钳口垂直，以防止将螺纹攻歪

（续）

序号	步骤	图　示	说　明
6	选择丝锥		根据螺纹孔的规格，正确选择丝锥，先头锥，后二锥
7	起攻	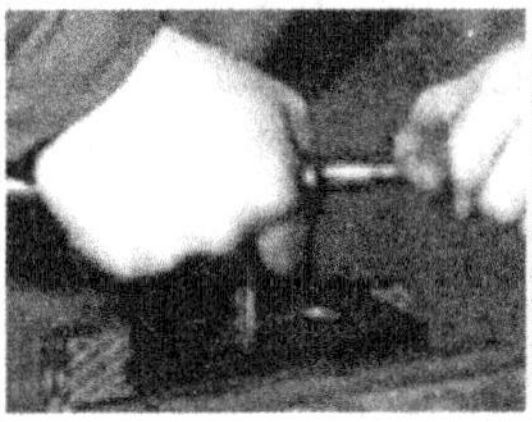 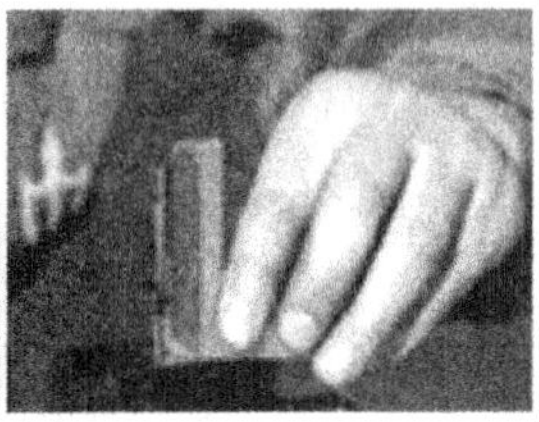	（1）起攻时，一手握住铰杠中心，并沿丝锥轴线向下施加压力，另一手顺势辅助铰杠按螺纹旋向转动 （2）在丝锥旋入1~2圈后，要检查丝锥与孔端面是否垂直，如果不垂直，应立即校正至垂直
8	正常攻螺纹	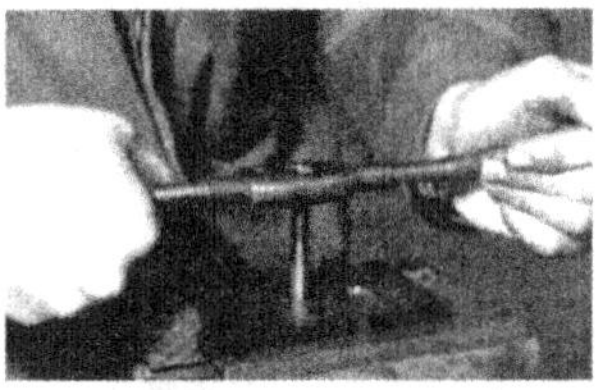	（1）当切削部分已切入工件后，无须施加压力，只要两手平衡用力旋转即可，每转1~2圈后应反转1/4圈，以便断屑与排屑 （2）攻螺纹时必须按头锥、二锥和三锥的顺序攻至标准尺寸
9	加切削液		为了获得较好的螺纹质量，攻螺纹时须加切削液 （1）铸件：加煤油 （2）钢件：加机油 （3）铝件：加乳化液
10	排屑		若攻不通孔螺纹时，要经常退出丝锥，以清除切屑
11	完成课题		攻螺纹完成后卸下工件，清洁、整理工、量具

课题三　套　螺　纹

通过本课题的学习，应掌握螺纹底杆直径的确定方法，学会选择合适的板牙，学会套螺纹的正确操作步骤及注意事项，熟悉套螺纹时的常见问题，并学会解决措施，同时注意安全文明生产。

一、课题引入

在圆杆上加工 M10 的螺纹，达到图 7-2 所示的要求。

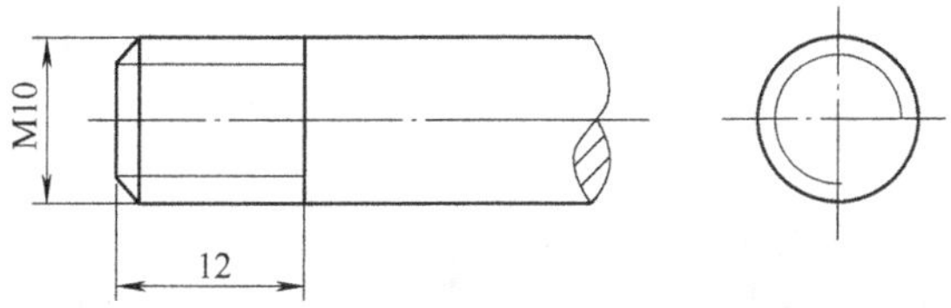

图 7-2 套螺纹

二、课题实施

套螺纹的方法与步骤见表 7-3。

表 7-3 套螺纹的方法与步骤

序号	步骤	图示	说明
1	确定圆杆直径		圆杆直径可查手册获得或按经验公式计算 圆杆直径 $d_0=D-0.13P$ D 为螺纹大径，P 为螺距
2	圆杆倒角	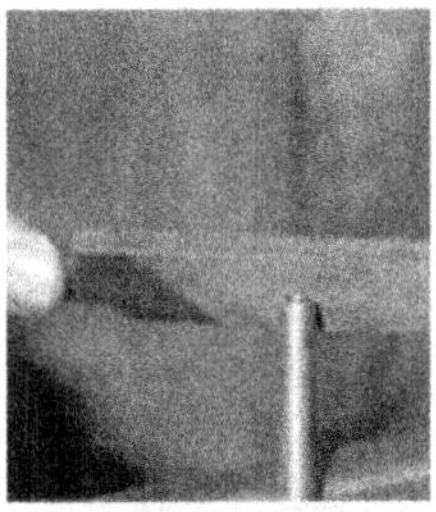 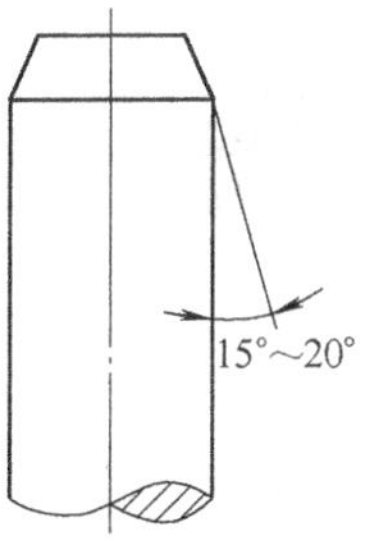	套螺纹前应该对圆杆端头倒角至 15°~20°，以保证板牙容易对准和切入工件，并使切出的螺纹起端避免出现锋口，影响螺纹拧入
3	装夹工件		装夹工件时，圆杆一般用硬木 V 形块或厚铜衬垫夹紧，并使圆杆轴线垂直于钳口，以防螺纹套歪

（续）

序号	步骤	图示	说明
4	选择板牙		根据图样要求选择好板牙
5	起套	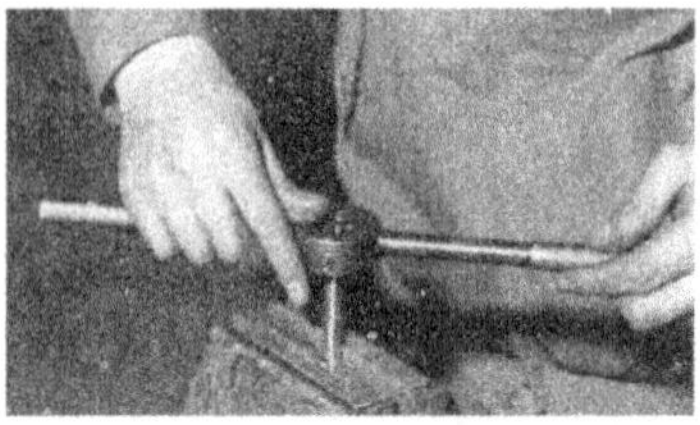	套螺纹起始时，一手握住铰杠中心，沿圆杆轴线向下施加压力，另一手顺势辅助铰杠按螺纹旋向转动 注意转动要慢，压力要大
6	检查垂直度		在套出2~3牙时，要检查圆板牙端面与圆杆轴线的垂直度，如果不垂直，应立即校正至垂直
7	套螺纹	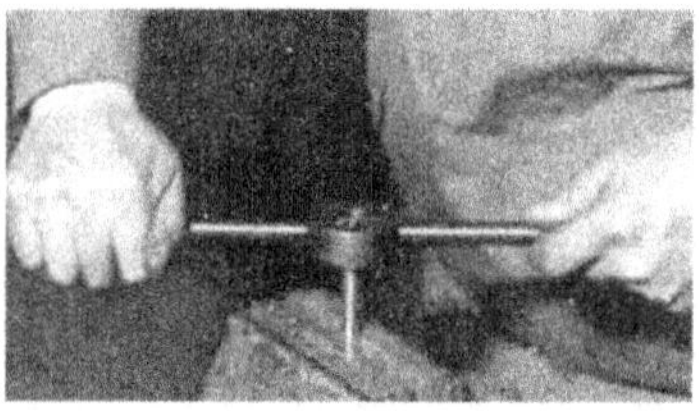	(1)套出3~4牙时，便无须施加压力，只要均匀转动板牙，让板牙依靠螺纹自然引进即可 (2)为了断屑，板牙也要时常反转1/4~1/2圈
8	加切削液	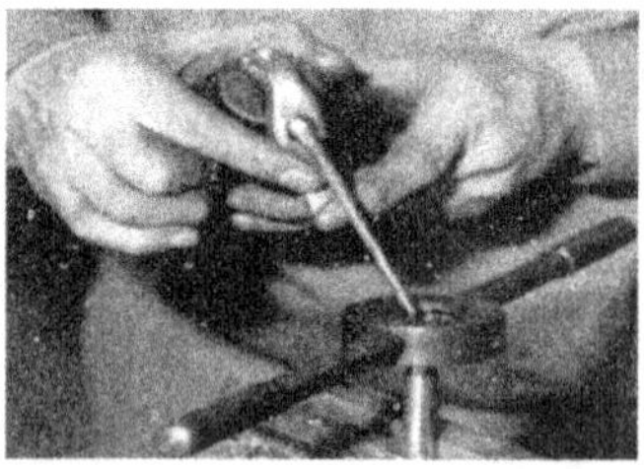	为提高螺纹表面质量和延长板牙寿命，套螺纹时须使用切削液进行润滑和冷却。一般使用机油或浓度较高的乳化液或二硫化钼
9	完成课题		套螺纹完成后，卸下工件，清洁、整理工、量具

知识拓展

一、螺纹主要参数(表 7-4)

表 7-4 螺纹主要参数

序号	名称	图 示	说 明
1	牙型	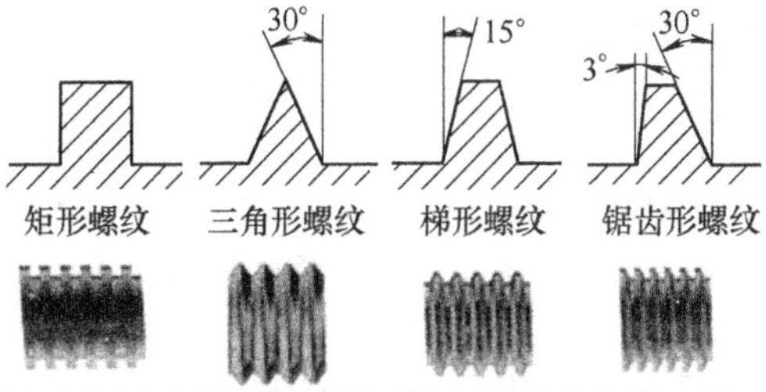	牙型指通过螺纹轴线的剖面上的轮廓形状，有三角形、矩形、梯形、圆形和锯齿形等
2	公称直径	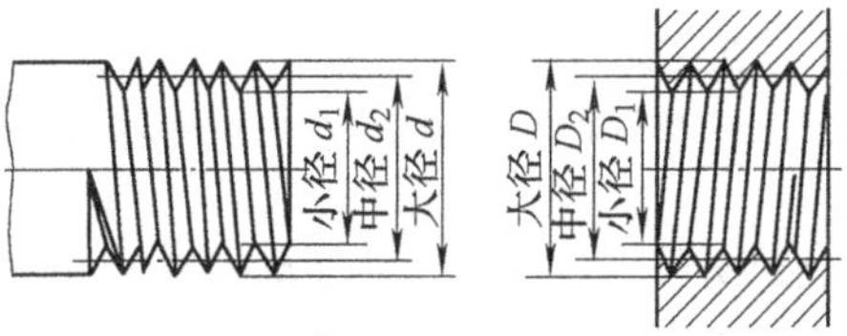	公称直径即螺纹大径，指与外螺纹的牙顶或内螺纹的牙底相重合的假想圆柱面的直径
3	线数	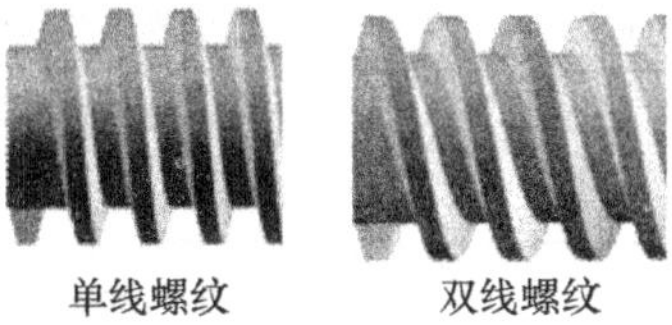	线数(n)：一个螺纹上螺旋线的数目。有单线螺纹、双线螺纹和多线螺纹
4	螺距和导程	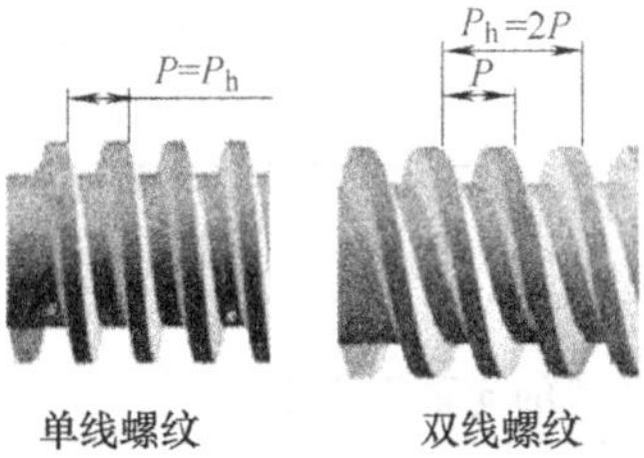	螺距(P)：相邻两牙在中径线上对应两点间的轴向距离 导程(P_h)：同一条螺旋线上相邻两牙在中径线上对应两点间的轴向距离。 单线螺纹：$P=P_h$ 多线螺纹：$P=nP_h$
5	旋向	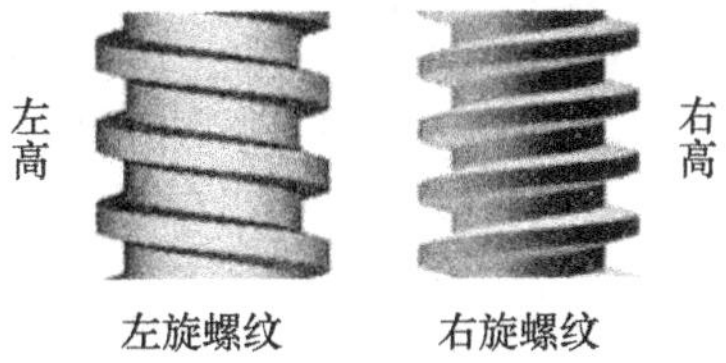	螺纹有左旋与右旋两种 旋向判断：将螺纹竖直放置 左旋：螺纹从右向左升高 右旋：螺纹从左向右升高
6	精度		内螺纹有 4H、5H、6H、7H 等精度等级，外螺纹有 4h、6e、6f、6h、8g 等精度等级

二、攻螺纹时常见的问题及预防方法(表 7-5)

表 7-5 攻螺纹时常见的问题及预防方法

序号	常见问题	产生原因	预防方法
1	螺纹乱牙	(1)螺纹底孔直径太小，丝锥不易切入，孔口乱牙 (2)换用二锥、三锥时，与已切出的螺纹没有旋合好就强行攻削 (3)未选择正确的切削液 (4)丝锥不经常倒转，切屑堵塞，造成螺纹啃伤 (5)丝锥磨钝或切削刃有粘屑 (6)攻螺纹时铰杠掌握不稳，丝锥左右摇摆，造成乱牙	(1)正确计算螺纹底孔直径，并正确钻孔、倒角 (2)换用二锥、三锥时，先用手将丝锥旋入，再用铰杠攻螺纹 (3)选择正确的切削液 (4)丝锥每转 1～2 圈后应反转 1/4 圈，以便断屑与排屑 (5)用磨石修磨或更换丝锥 (6)攻螺纹时铰杠掌握要稳，丝锥不得左右摇摆
2	螺纹滑牙	(1)攻不通孔螺纹时，丝锥已到底仍继续扳转 (2)丝锥已切出螺纹仍继续加压力 (3)攻螺纹完毕，退出时连铰杠转出	(1)攻不通孔螺纹时，要在丝锥上标出深度记号 (2)丝锥切出螺纹后不得施加压力 (3)攻螺纹完毕，用手将丝锥旋出
3	螺孔攻歪	(1)丝锥位置不正 (2)机攻螺纹时丝锥与螺孔不同轴	(1)攻螺纹起始，要检查垂直度 (2)机攻螺纹保证丝锥与螺孔同轴
4	螺纹牙深不够	(1)攻螺纹前底孔直径太大 (2)丝锥磨损	(1)正确计算螺纹底孔直径 (2)更换丝锥
5	螺纹表面粗糙	(1)丝锥磨损 (2)丝锥上有积屑瘤 (3)没有选择合适的切削液 (4)切屑拉伤螺纹表面	(1)更换丝锥 (2)用磨石修磨丝锥 (3)选择合适的切削液 (4)及时断屑、排屑

三、套螺纹时常见的问题及预防方法(表 7-6)

表 7-6 套螺纹时常见的问题及预防方法

序号	常见问题	产生原因	预防方法
1	螺纹歪斜	(1)板牙端面与圆杆不垂直 (2)用力不均匀，铰杠歪斜	(1)套螺纹起始时，检查垂直度 (2)两手用力均匀，保持铰杠平稳
2	螺纹牙深不够	(1)圆杆直径太小 (2)调整板牙时，直径调节得太大	(1)选择直径合适的圆杆 (2)正确调整板牙直径

（续）

序号	常见问题	产生原因	预防方法
3	螺纹乱牙	(1)圆杆直径太大 (2)板牙磨钝 (3)套螺纹时，切屑堵塞 (4)铰杠掌握不稳，板牙左右摇摆 (5)板牙歪斜太多，套螺纹时强行修正 (6)板牙切削刃上有积屑瘤 (7)用带调整槽的板牙套螺纹，第二次套螺纹时板牙没有与已切出螺纹旋合，就强行套螺纹 (8)未选择合适的切削液	(1)选择直径合适的圆杆 (2)更换板牙 (3)套螺纹时，适时倒转断屑 (4)两手用力均匀，不得左右摇摆 (5)套螺纹起始，及时检查垂直度 (6)及时清理板牙切削刃上的切屑 (7)用带调整槽的板牙套螺纹，第二次套螺纹时，先用手将板牙与已切出的螺纹旋合，再套螺纹 (8)选择合适的切削液
4	螺纹表面粗糙	(1)未用切削液或切削液选用不当 (2)切削刃上粘有积屑瘤	(1)选择合适的切削液 (2)及时清理板牙切削刃上的切屑

单元八 刮 削

本单元主要介绍刮削知识。通过本单元的学习，应认识刮削工具，熟悉其作用，掌握其分类，学会平板刮削的步骤和方法，熟悉滑动轴承内曲面的刮削方法，熟悉平面刮刀的参数，掌握平面刮刀的刃磨及热处理方法，熟悉刮削时的常见问题及预防措施，同时注意安全文明生产。

课题一 刮 削 工 具

通过本课题的学习，应认识刮削工具，熟悉其作用，掌握其类型。

常用刮削工具见表 8-1。

表 8-1 常用刮削工具

序号	名称	图 示	说 明
1	标准平板		用于工件检测或划线的平面基准器具，常用来检验较宽的平面
2	平尺	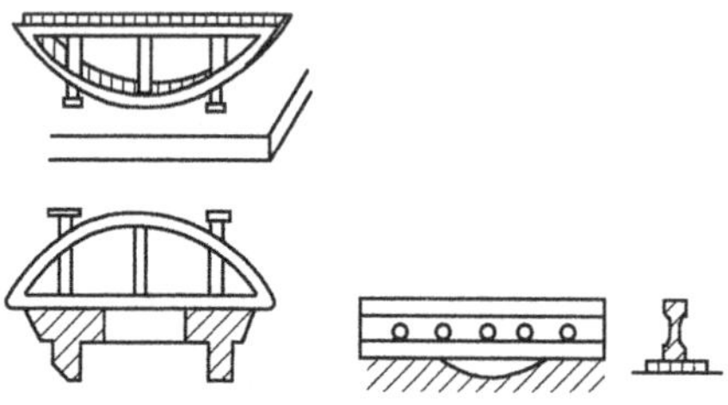 a) b)	具有一定精度的平直基准线的实体，常用来检验狭长工件的直线度和平面度误差 常用：桥形平尺如图 a 所示，工形平尺如图 b 所示
3	角度平尺	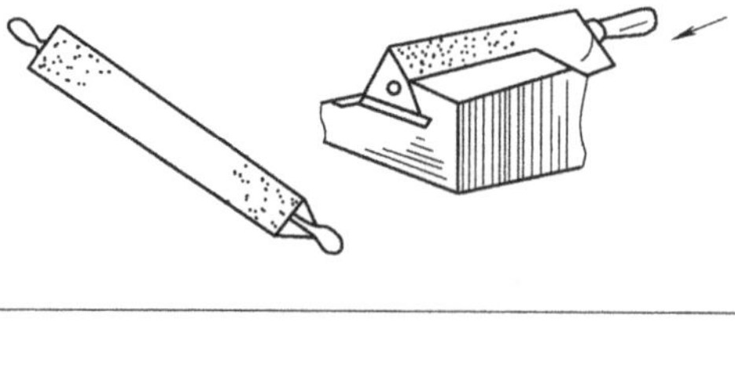	用来检验两个成一定角度的组合刮削平面，如燕尾导轨面等

（续）

序号	名称	图示	说明
4	刮刀	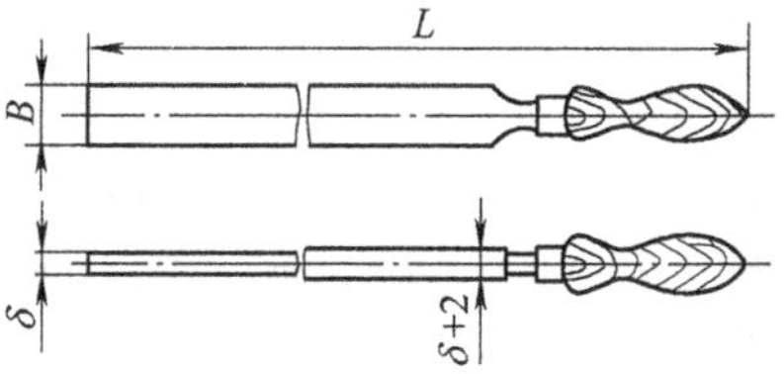	平面刮刀主要用于刮削平面，如平板、机床平面导轨、工作台等，也可用于刮削外曲面，有直头刮刀和弯头刮刀两种
		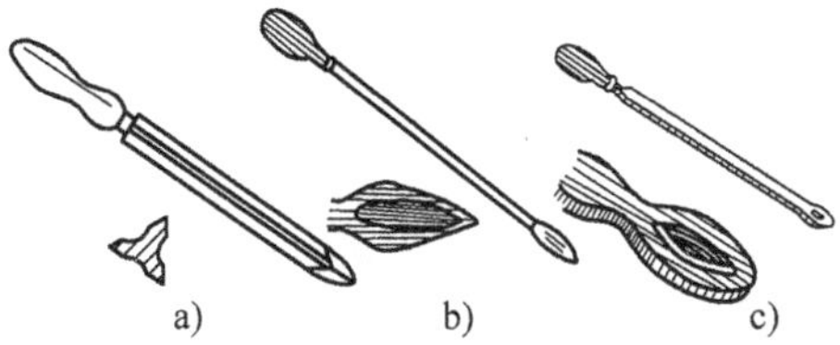	曲面刮刀主要用于刮削内曲面 常用的曲面刮刀有 三角刮刀，如图 a 所示 柳叶刮刀，如图 b 所示 蛇头刮刀，如图 c 所示
5	显示剂		显示剂可以涂在工件表面上，也可以涂在校准工具的表面上。前者在工件表面上显示的结果是红底黑点，没有反光，容易看清，适用于精刮；后者只在工件表面的高处着色，研点暗淡，不易看清，但切屑不易粘附在刮刀的切削刃上，刮削方便，适用于粗刮 常用显示剂有两种 （1）红丹粉：分铅丹和铁丹两种。铅丹是氧化铅，呈橘红色；铁丹是氧化铁，呈红褐色。红丹粉常用于铸铁与钢件的刮研 （2）蓝油：用普鲁士蓝粉和蓖麻油及适量机油调和而成，呈深蓝色，多用于精密工件和非铁金属及其合金工件的刮研

课题二 刮削平板

通过本课题的学习，应熟悉刮削的操作步骤，掌握不同的刮削方法，学会平板的刮削方法，熟悉内曲面的刮削方法，同时注意安全文明生产。

一、课题引入

在 100mm×100mm×30mm 的钢板上进行刮削练习。

二、课题实施

刮削的步骤与方法见表 8-2。

表 8-2　刮削的步骤与方法

序号	步骤	图　示	说　明
1	检查尺寸		测量来料的尺寸误差以及各面的位置误差，以便于掌握加工余量，正确进行刮削加工
2	各棱边倒角		各棱边倒角 $C1$
3	显示研点	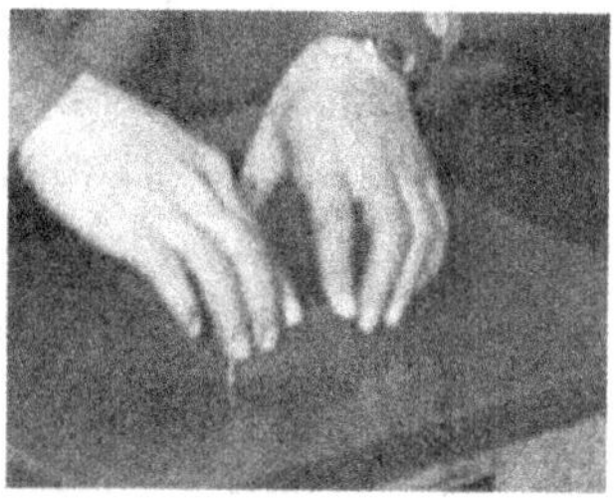	用标准平板进行涂色显点时，平板应放置稳定。工件表面涂色后放在平板上，均匀地施加压力，并做直线或回转运动。粗刮研点时移动距离可略长些，精刮研点时移动距离小于30mm，以保证准确显点
4	平面刮削方法		手刮法 如图所示：右手按握锉刀姿势，左手四指向下握住近刮刀头部约50mm处，刮刀与被刮削表面成25°～30°角。同时，左脚前跨一步，上身随着向前倾斜，这样可以增加左手压力，使刮刀向前推进。刮削时左手下压，落刀要轻，当推进到所需位置时，左手迅速提起，完成一个手刮动作
		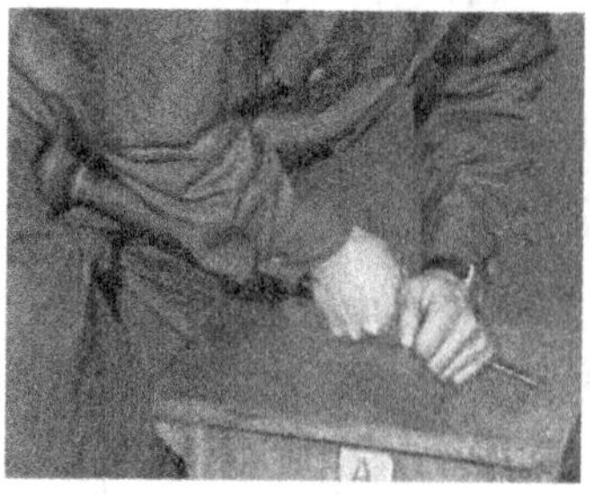	挺刮法 如图所示，将刮刀柄顶在小腹右下部肌肉处，左手在前、手掌向下，右手在后、手掌向上，距刮刀头部80mm左右处握住刀身。刮削时刀头对准研点，左手下压，右手控制刀头方向，利用腿部和臂部的合力向前推动刮刀，在研点被刮削的瞬间，双手利用刮刀的反弹作用力迅速提起刀头，刀头提起高度约为10mm

（续）

序号	步骤	图示	说明
5	刮削平面	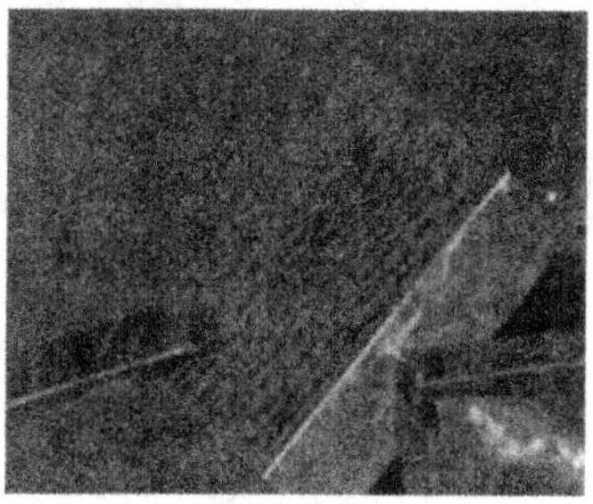	以挺刮法粗刮、精刮平板各平面达到图样的尺寸偏差及几何公差要求，并且刮削表面应无明显丝纹、振痕及落刀痕迹。刮削刀迹交叉，粗刮时刀迹宽度应为刮刀宽度的2/3～3/4，长度为15～30mm，接触点为每25mm×25mm面积上均匀达到4～6点；细刮时刀迹宽度约为5mm，长度约为6mm，接触点为每25mm×25mm面积上达到8～12点；精刮时刀迹宽度和长度均小于5mm，接触点为每25mm×25mm面积上达到20点以上
6	完成课题		刮削完成后，卸下工件，清洁、整理工、量具

课题三　平面刮刀的刃磨与热处理

通过本课题的学习，应熟悉平面刮刀的角度对刮削精度的影响，学会平面刮刀的刃磨和热处理方法，同时注意安全文明生产。

平面刮刀的刃磨与热处理方法见表8-3。

表8-3　平面刮刀的刃磨与热处理方法

序号	内容	图示	说明
1	平面刮刀的角度	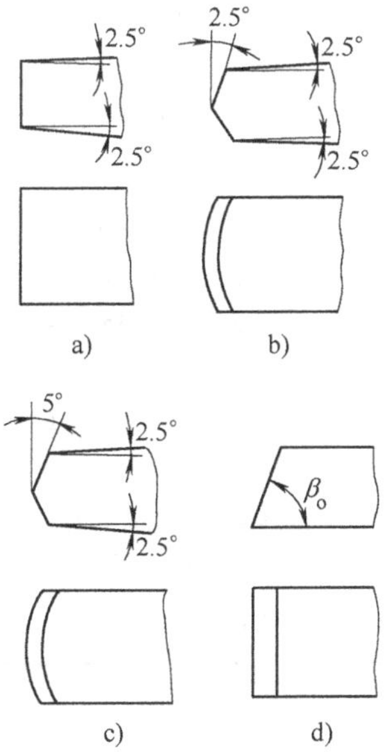	图a所示为粗刮刀，切削刃平直 图b所示为细刮刀，切削刃稍带圆弧 图c所示为精刮刀，切削刃带圆弧 图d所示为韧性材料刮刀，可磨成正前角，但这种刮刀只适用于粗刮

（续）

序号	内容	图　　示	说　　明
2	粗磨平面刮刀	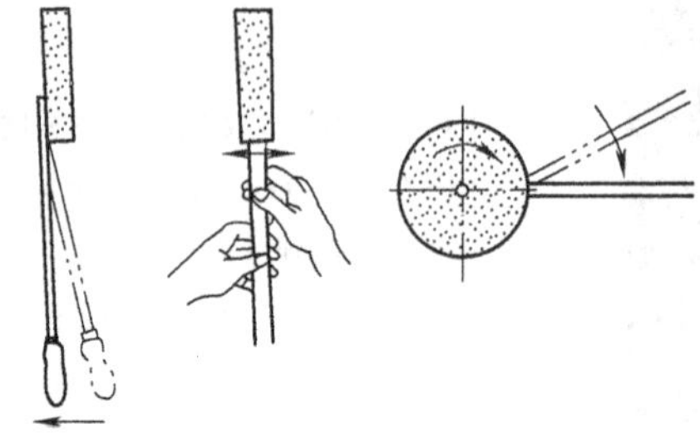 a)　b)　c)	粗磨时分别将刮刀两平面贴在砂轮侧面上。开始时应先接触砂轮边缘，再慢慢平放在侧面上，不断地前后移动进行刃磨，如图 a 所示，使两面都达到平整，在刮刀全宽上用肉眼看不出有显著的厚薄差别。然后粗磨端面，把刮刀的顶端放在砂轮缘上平稳地左右移动进行刃磨，如图 b 所示，要求端面与刀身中心线垂直，以一定倾斜度与砂轮接触，如图 c 所示，再逐步按图示箭头方向转动至水平 注意：若直接按水平位置靠上砂轮，刮刀会颤抖，不易磨削，甚至会出事故
3	平面刮刀的热处理	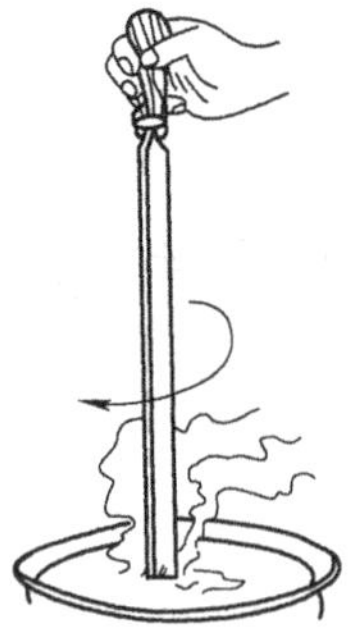	将粗磨后的刮刀放在炉火中缓慢加热到 780～800℃（呈樱红色），加热长度为 25mm 左右，取出后迅速放入冷水中（或 10%的盐水中）冷却，浸入深度为 8～10mm。刮刀接触水面时使其做缓缓平移和间断地上下移动，这样可不使淬硬部分留下明显界限。当刮刀露出水面部分呈黑色、由水中取出观察刃部颜色为白色时，迅速把整个刮刀浸入水中冷却，直到刮刀全部冷却后取出。热处理后刮刀切削部分硬度应在 60HRC 以上，用于粗刮、精刮及刮花刮刀，淬火时可用油冷却，刀头不易产生裂纹，金属组织较细，容易刃磨，切削部分硬度接近 60HRC
4	细磨平面刮刀		热处理后的刮刀要在细砂轮上细磨，基本达到刮刀的形状和几何角度要求。刃磨刮刀时必须经常蘸水冷却，避免刃口部分退火
5	精磨平面刮刀	 a)　b)	刮刀精磨须在磨石上进行。操作时在磨石上加适量机油，先磨两平面，如图 a 所示，直至平面平整，表面粗糙度值 $R_a<0.2\mu m$；然后精磨端面，如图 b 所示，刃磨时左手扶住手柄，右手紧握刀身，使刮刀直立在磨石上，略带前倾（前倾角度根据刮刀 β 角的不同而定）地向前推移，拉回时刀身略微提起，以免磨损刃口。如此反复，直到切削部分的形状和角度符合要求，且刃口锋利为止

知识拓展

一、滑动轴承内曲面的刮削（表 8-4）

表 8-4 滑动轴承内曲面的刮削

序号	名称	图示	说明
1	内曲面显点	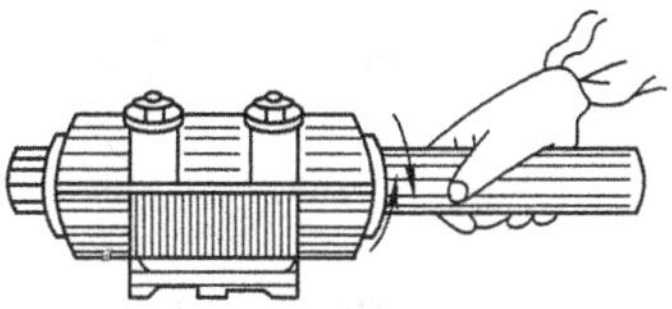	（1）刮削时用与其相配的轴做内曲面研点显示校准工具 （2）将显示剂均匀涂于轴外表面，使轴在轴承孔中正反转动，显示出接触点，根据接触点进行刮削
2	内曲面刮削方法	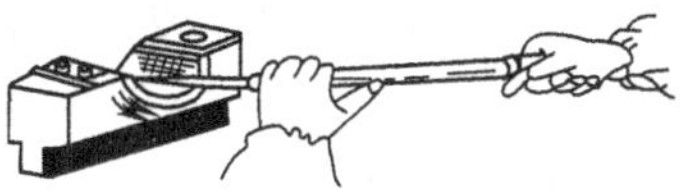	右手握刀柄法：右手握刀柄，左手掌心向下，四指紧握刀身，拇指抵着刀身控制刮刀。刮削时，左、右手同时使刮刀做圆弧运动，且顺曲面使刮刀做后拉或前推运动
		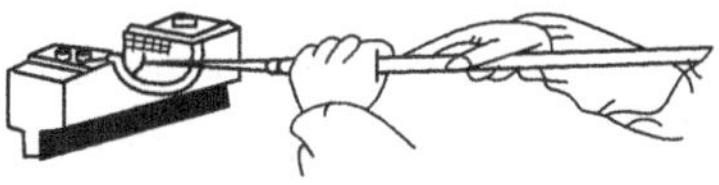	双手握刀杆法：刮刀柄放在右手臂上，双手握住刀杆，刮削操作与右手握刀法相同

二、刮削平面时常见的问题和预防方法（表 8-5）

表 8-5 刮削平面时常见的问题和预防方法

序号	常见问题	产生原因	预防方法
1	深凹痕	刀迹太深，局部显点稀少	（1）粗刮时用力不均匀，局部落刀太重 （2）多次刀痕重叠 （3）切削刃圆弧过小
2	梗痕	刀迹单面产生刻痕	刮削时用力不均匀，使刃口单面切削
3	撕痕	刮削面上呈粗糙刮痕	（1）切削刃不光洁、不锋利 （2）切削刃有缺口或裂纹
4	落刀或起刀痕	在刀迹的起始或终了处产生深的刀痕	落刀时，左手压力和速度较大，起刀不及时
5	振痕	刮削面呈现规则的波纹	多次同向切削，刀迹没有交叉
6	划道	刮削面上划有深浅不一的直线	显示剂不清洁，或研点时混有砂粒和铁屑等杂物

单元九 研 磨

本单元主要介绍研磨的知识。通过本单元的学习，应认识研磨的工具，熟悉磨料的分类及研磨剂的作用，掌握研磨的方法，熟悉研磨时常见问题及预防措施，同时注意安全文明生产。

课题一 研磨工具及研磨剂

通过本课题的学习，应认识研磨工具的类型，熟悉磨料的分类及研磨剂的作用。

常用研磨工具及研磨剂见表 9-1。

表 9-1 常用研磨工具及研磨剂

序号	名称	图 示	说 明
1	研磨平板	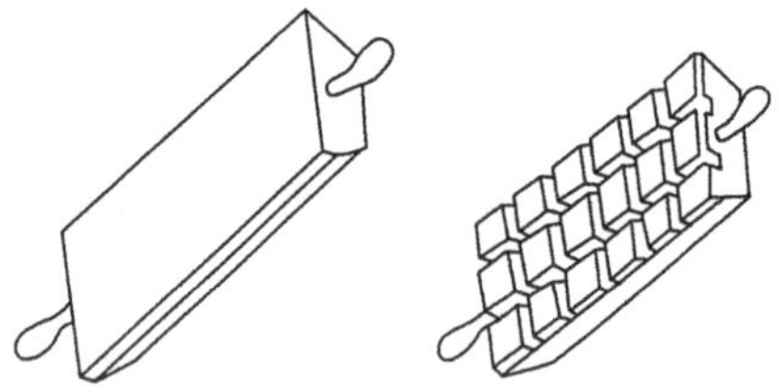	研磨平板主要用来研磨平面，常用铸铁制成，分光滑平板和有槽平板两种
2	研磨环	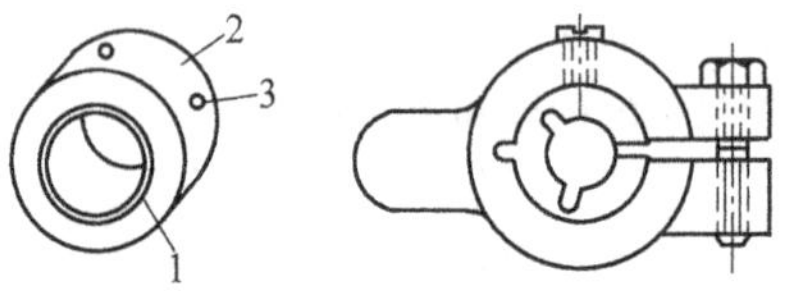 1—研磨环 2—外圈 3—调节螺钉	研磨环用来研磨轴类工件的外圆柱面和外圆锥面
3	研磨棒	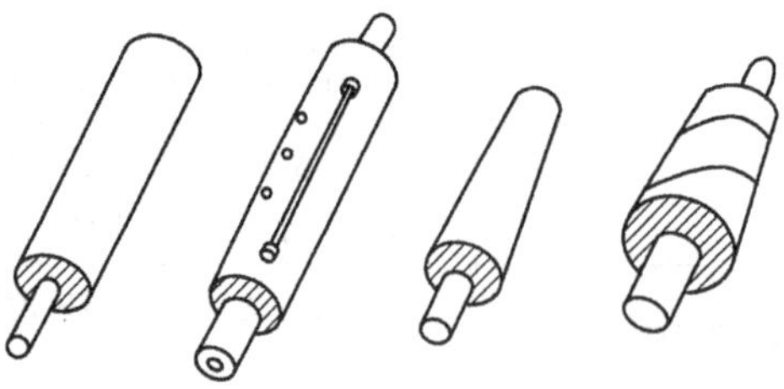	研磨棒是用来研磨套类工件内孔的研具，有圆柱面研磨棒和圆锥面研磨棒两类
4	磨石		磨石由各种研料做成，形状有正方形、长方形、三角形、半圆形、圆柱形，分别用于各种形状工件的研磨

（续）

序号	名称	图 示	说 明
5	研磨剂		研磨剂是由磨料与研磨液调和而成的混合剂 （1）磨料：在研磨中起切削作用 1）刚玉类磨料 适用于碳素工具钢、合金工具钢、高速钢和铸件的研磨 2）碳化物磨料 适用于一般钢制工件及硬质合金、陶瓷等的研磨 3）金刚石磨料 适用于硬铬、宝石等高硬度工件的研磨 （2）研磨液：在研磨中起调和磨料、冷却和润滑的作用 常用的研磨剂有 10 号机油、20 号机油、煤油、汽油和锭子油等

课题二 研 磨 方 法

通过本课题的学习，应学会不同平面的研磨方法，熟悉研磨时的常见问题并掌握解决措施，同时注意安全文明生产。

常用研磨方法见表 9-2。

表 9-2 常用研磨方法

序号	名称	图 示	说 明
1	平面研磨	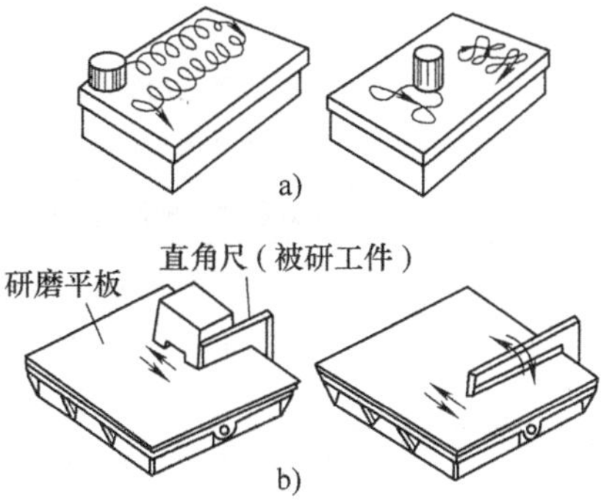 a) b)	（1）研磨运动轨迹 工件在平板上的运动轨迹有“8”字轨迹、摆动式直线轨迹、螺旋轨迹和直线轨迹，如图 a 所示 （2）研磨时的压力与运动速度 研磨时加在工件上的压力要均匀，且应不时地交换工件和研具的相对位置。粗研磨速度为 50 次/min，精研磨速度为推研 30 次/min （3）狭窄平面的研磨 可采用金属方块做“导靠”，以保持研磨面与侧面的垂直，如图 b 所示

（续）

序号	名称	图　　示	说　　明
2	圆柱面研磨	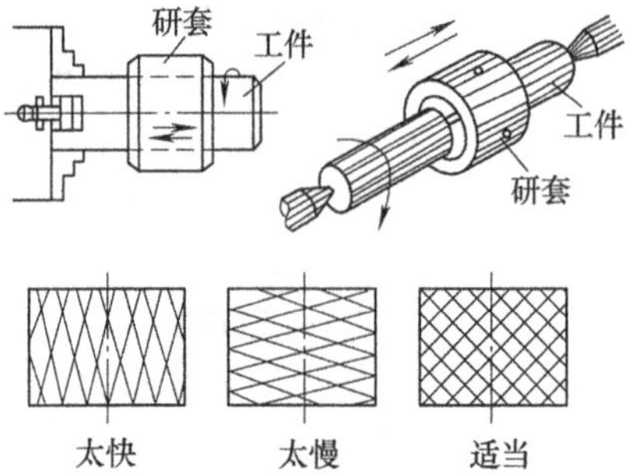	圆柱面研磨一般以手工与机器配合的方法进行 工件由车床带动旋转，在工件上均匀涂上研磨剂，套上研套，用手掌握住研套沿轴线方向做往复直线运动进行研磨。研套的往复运动速度，可根据研磨时工件表面上出现的网纹来控制。当出现45°交叉网纹时，说明往复运动速度适宜
3	圆锥面与阀门密封线的研磨	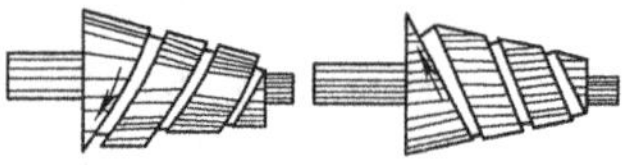 a) 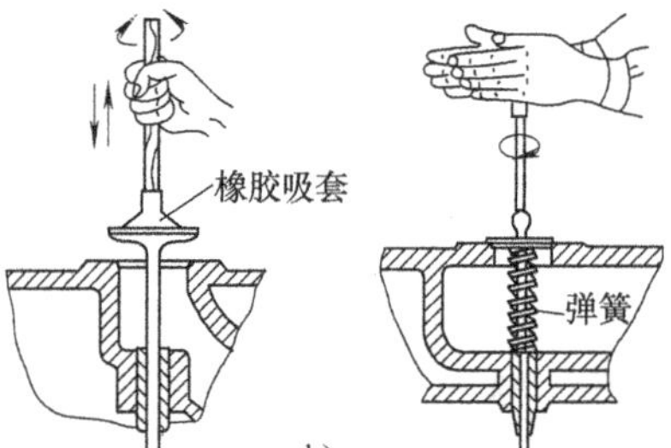 b)	（1）圆锥面研磨 一般在车床或钻床上进行圆锥面研磨。研磨时必须使用和工件具有同样锥度的研磨棒或研磨环。图a所示为圆锥面研磨棒 （2）阀门密封线的研磨 一般不必使用研具，多数是用阀与阀座成对互相研磨，如图b所示。也可使用成品研磨膏，一般采用螺旋形研磨的方法进行

知识拓展

研磨时常见的问题和预防方法见表9-3。

表9-3　研磨时常见的问题和预防方法

序号	常见问题	产生原因	预防方法
1	表面不光洁	（1）磨料过粗 （2）研磨液不当 （3）研磨剂涂得太薄	（1）正确选用磨料 （2）正确选用研磨液 （3）研磨剂涂布适当
2	表面拉毛	研磨剂中混有杂质	做好研磨剂的清洁工作
3	平面成凸形或孔口扩大	（1）研磨剂涂得太厚 （2）研磨时未擦去边缘挤出的研磨剂 （3）研磨棒伸出孔口太长	（1）研磨剂涂布适当 （2）擦去边缘挤出的研磨剂再研磨 （3）研磨棒伸出长度适当
4	孔成椭圆形或有锥度	（1）研磨时没有变换运动方向 （2）研磨时未调头研磨	（1）研磨时应变换运动方向 （2）研磨时应调头研磨
5	薄壁件变形，尺寸及几何精度超差	（1）装夹不正确引起变形 （2）不注意经常测量	（1）装夹稳定，不能夹太紧以致变形 （2）注意经常在常温下进行测量

单元十 联接件的装配

本单元主要介绍常用联接件的装配和拆卸的步骤、方法。通过本单元的学习，能够了解装配的方法，熟悉装配的工艺流程，联接件的类型，掌握常用螺纹联接、键联接和销联接的装配与拆卸方法。

课题一　螺纹联接的装配与拆卸

通过本课题的学习，应熟悉装配的工艺流程和装配的方法，掌握螺纹联接的要求和类型，掌握螺纹联接的防松方法，学会不同螺纹联接的安装与拆卸方法，同时注意安全文明生产。

一、课题引入

用螺纹联接的方式联接工件。

二、课题实施

螺纹联接的装配、拆卸方法与步骤见表10-1。

表10-1　螺纹联接的装配、拆卸方法与步骤

序号	名称	图　示	说　明
1	螺纹联接的要求		(1) 螺栓不应歪斜或弯曲 (2) 螺母与被联接件应接触良好 (3) 拧紧力矩要适当 (4) 在冲击、振动或变载荷作用下，螺纹联接必须采取有效的防松措施 (5) 装配成组螺钉或螺母时，应按一定次序进行，并分两次或三次旋紧
2	螺纹联接的类型	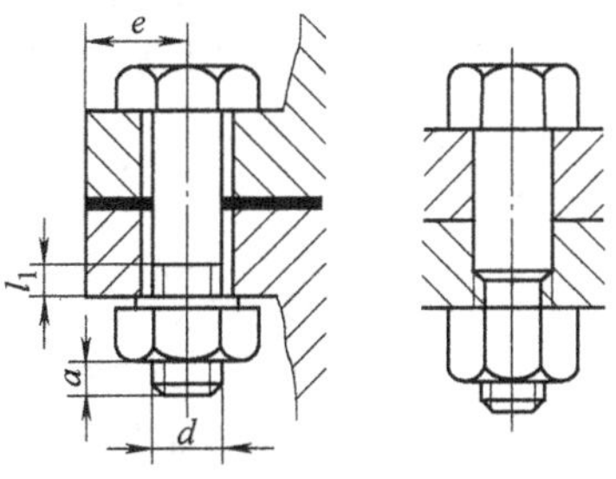 a)　　b)	(1) 螺栓联接 将螺栓穿过被联接件的通孔，另一端用螺母拧紧 1) 普通螺栓联接(图a) 螺栓杆部与被联接件的螺栓孔之间留有间隙，结构简单、装拆方便 2) 铰制孔螺栓联接(图b) 装配后无间隙，主要承受横向载荷，也可做定位用，采用基孔制配合铰制孔螺栓联接

（续）

序号	名称	图　　示	说　　明
2	螺纹联接的类型	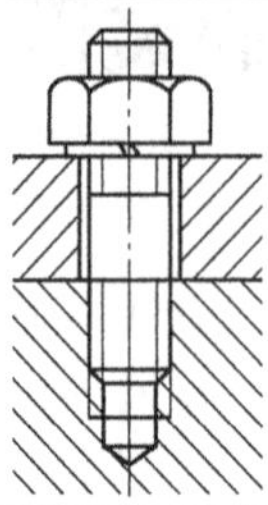	（2）双头螺柱联接 将双头螺柱的一端旋入被联接件的螺纹孔中构成螺旋副，另一端穿过其他被联接件的通孔，并用螺母拧紧 拆卸时只需拧下螺母，装拆较为方便，常用于被联接件之一较厚或必须采用不通孔，且须经常拆卸的场合
		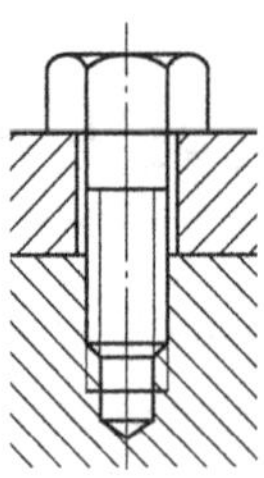	（3）螺钉联接 直接将螺钉拧入被联接件的螺纹孔中并拧紧，拆卸时须将螺钉完全从螺钉孔中拧出，常用于被联接件之一较厚或必须采用不通孔，且受力不大、不须经常拆卸的场合
		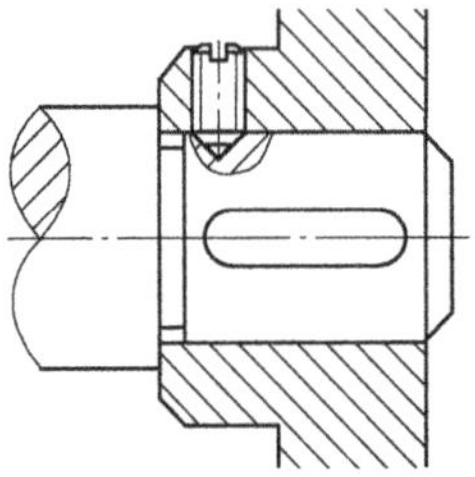	（4）紧定螺钉联接 直接将螺钉拧入被联接件的螺纹孔中并拧紧，利用紧定螺钉端部结构顶紧（或顶入）另一被联接件，用以固定两零件间的相对位置，并可传递不大的力或转矩
3	一般螺母的拧紧	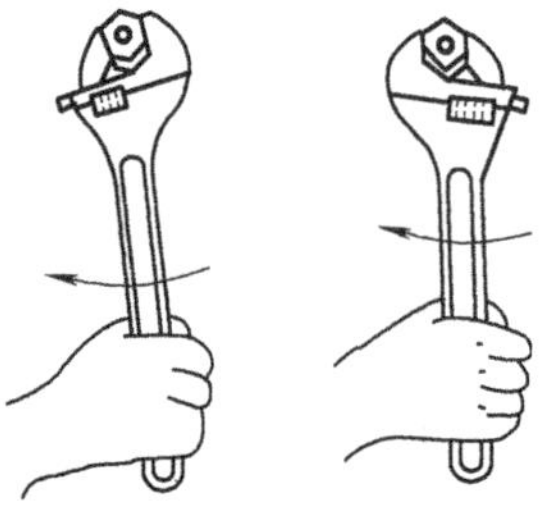 a)　　　　b)	一般螺母的拧紧 可用活扳手、呆扳手、梅花扳手或套筒扳手等逐渐拧紧 注意活扳手的正确使用 图 a 正确：受力部位为固定钳口 图 b 错误：受力部位为活动钳口
4	双头螺柱的拧紧	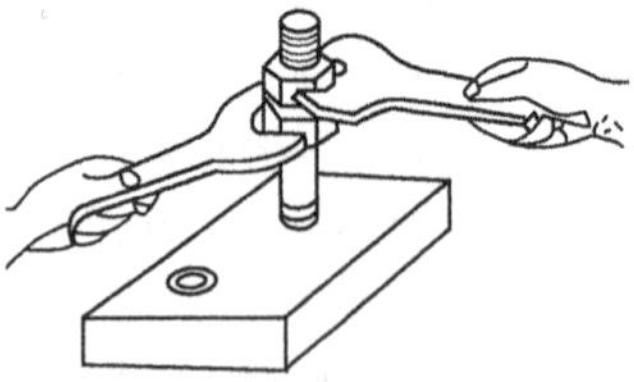	用两个螺母拧入 如图所示，将两个螺母相互锁紧在双头螺柱上，然后扳动上面一个螺母，把双头螺柱拧入螺孔中
		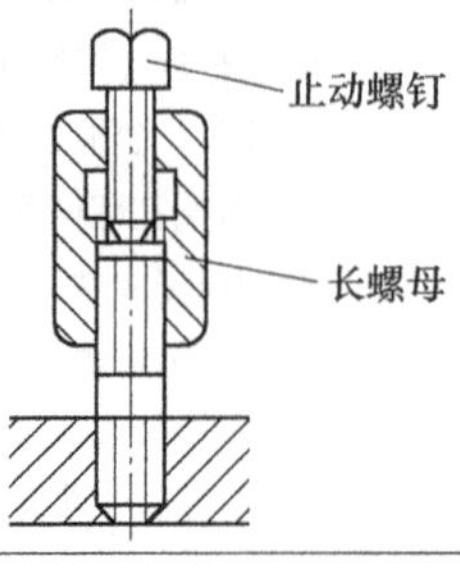	用长螺母拧入 如图所示，上面的螺钉用来阻止长螺母与双头螺柱之间的相对转动，然后扳动长螺母，双头螺柱即可拧入。松开止动螺钉，即可拆掉长螺母

（续）

序号	名称	图示	说明
5	成组螺纹联接	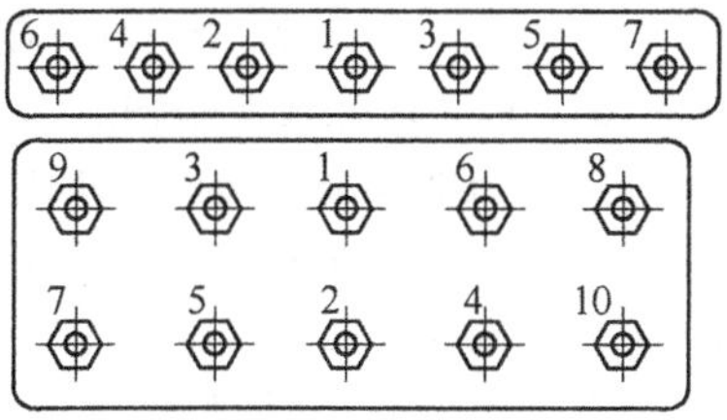	将各螺母或螺钉按图示顺序，即先中间、后两边、对称交叉、逐次（一般为2~3次）拧紧，拧到贴近零件表面
		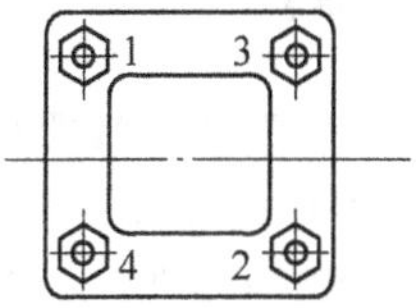 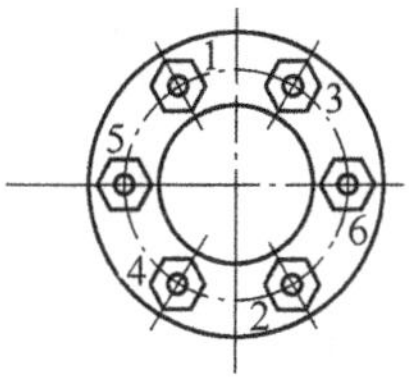	拧紧成组螺栓或螺母时，应根据被联接件形状和螺栓的分布情况，按先中间、后两边、对称交叉的顺序逐次（一般为2~3次）拧紧
6	检验		螺纹装配操作结束后，务必再检验螺母是否都已拧紧
7	螺纹联接件的拆卸	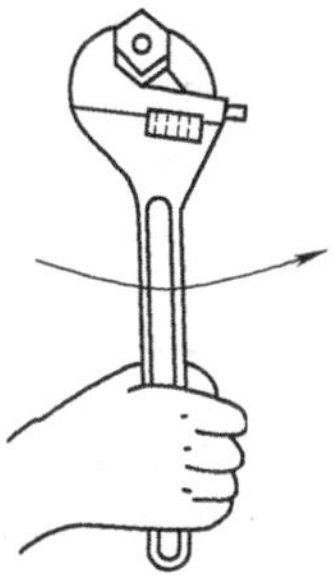	可用活扳手、呆扳手、梅花扳手、套筒扳手或螺钉旋具等工具沿装配方向的反向拧，即可将螺母或螺钉拆卸下来

课题二　键联接的装配与拆卸

通过本课题的学习，应熟悉键联接的要求和类型，学会不同键联接的装配与拆卸方法，同时注意安全文明生产。

一、课题引入

用键联接的方式联接工件。

二、课题实施

键联接的装配与拆卸方法和步骤见表10-2。

表 10-2　键联接的装配与拆卸方法和步骤

序号	名称	图　示	说　明
1	键联接的要求		(1) 保证键与键槽的配合符合要求 (2) 松键装入槽中后，一定要与槽底贴紧。键顶部与轮毂键槽底部留有 0.3～0.5mm 的间隙 (3) 楔键的斜度一定要与配合键槽的斜度一致 (4) 楔键与键槽的两侧要留有一定的间隙 (5) 钩头楔键的钩头与套件端面间应留有间隙，以方便拆装
2	键联接的类型	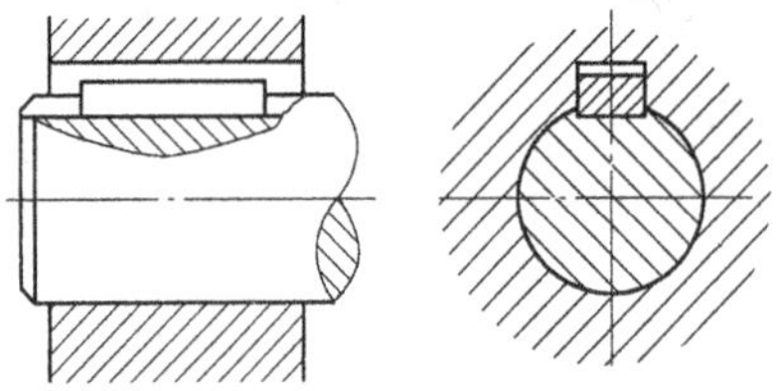	(1) 普通平键联接(松键联接) 平键两侧面是工作面，与键槽配合，工作时靠键与键槽侧面的互相挤压传递转矩。平键联接应用广泛，常用于高精度、传递重载荷、冲击及双向转矩较大的场合 普通平键按端部形状可分为 A 型(圆头)、B 型(方头)、C 型(单圆头)3 种
		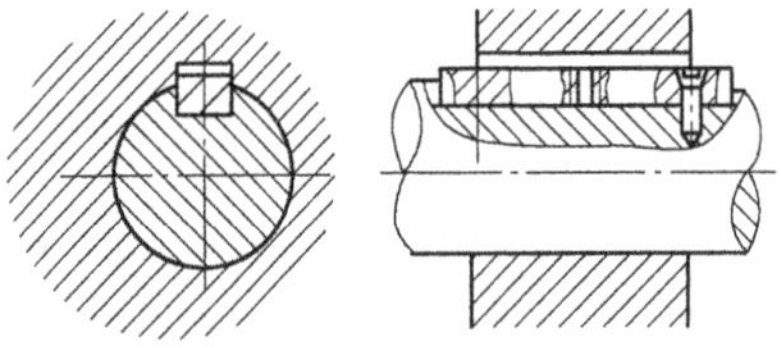	(2) 导向平键联接(松键联接) 键用螺钉固定在轴上，轴上零件能做轴向移动，一般用于轴上零件轴向移动量较小的场合，如变速器中的滑移齿轮
		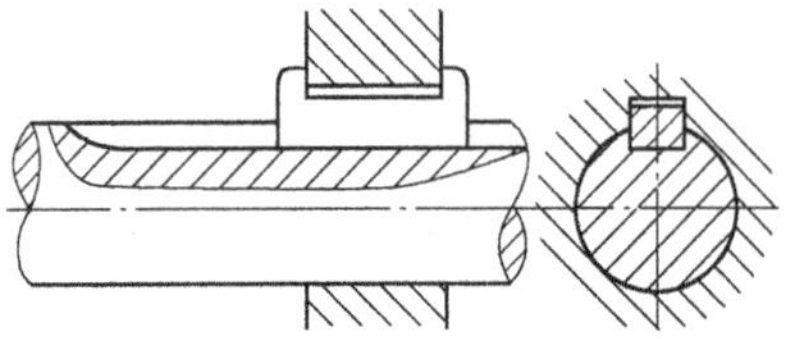	(3) 滑键联接(松键联接) 键固定在轮毂槽中(配合较紧)，键与键槽为精确间隙配合，键可随轮毂在键槽中自由移动，多用于轴上零件轴向移动量较大的场合
		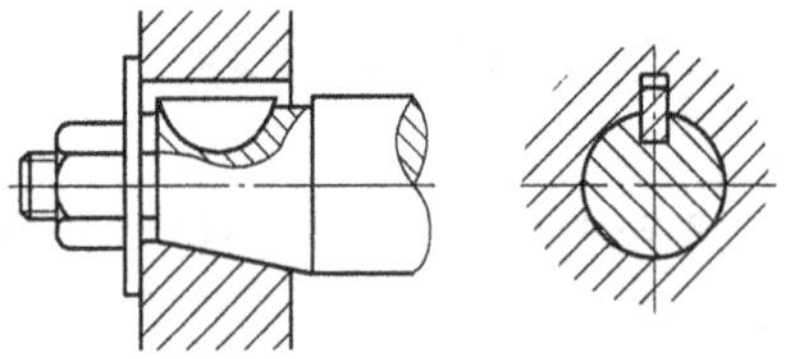	(4) 半圆键联接(松键联接) 两侧面为工作面。键在键槽中绕槽底圆弧曲率中心摆动，定心较好。但因键槽较深，使轴的强度降低，一般用于轻载场合或轴的锥形端部
		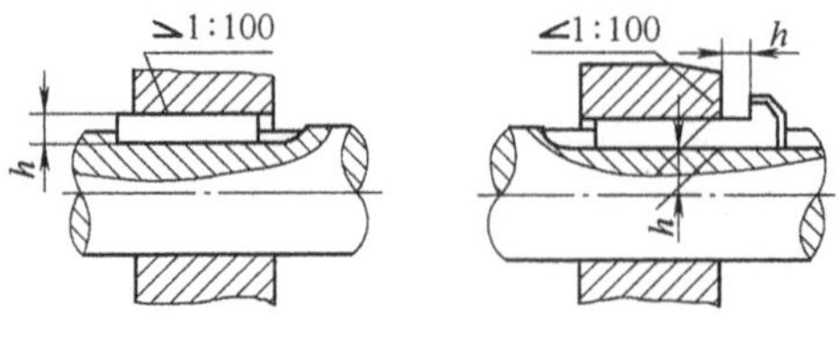 a)　　　　b)	(5) 楔键联接(紧键联接) 楔键上、下表面为工作面，键的上、下表面和轮毂槽的底面皆有 1∶100 的斜度，工作时主要靠摩擦力传递转矩。 楔键分普通楔键(图 a)与钩头楔键(图 b)两类，适用于定心精度要求不高、载荷平稳和低速的联接

（续）

序号	名称	图　　示	说　　明
2	键联接的类型	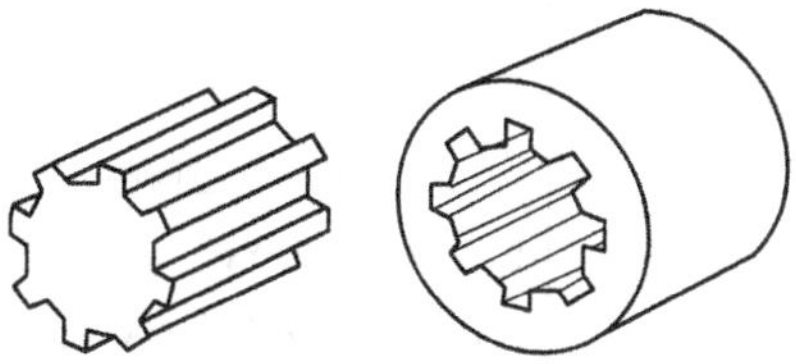	（6）花键联接 花键联接由内花键和外花键组成。内、外花键均为多齿零件，在内圆柱表面上的花键为内花键，在外圆柱表面上的花键为外花键。其工作面为齿侧面，适用于载荷大和定心精度高的联接 花键已标准化，按齿形的不同分为矩形、渐开线形和三角形3种。矩形花键应用很广
3	键联接的装配	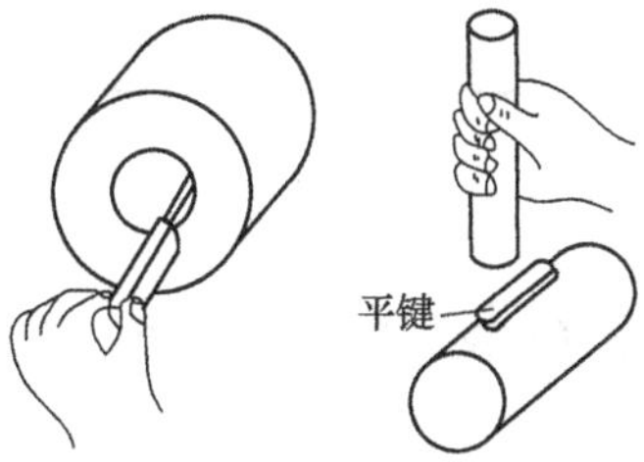	（1）松键的装配 1）用键的头部与轴上的键槽试配，应使键紧嵌在键槽中，否则须锉配键 2）须在键的配合面上加机油 3）必要时可用铜棒轻轻敲击，使键与槽底接触良好 4）将轮毂装在装有键的轴部
		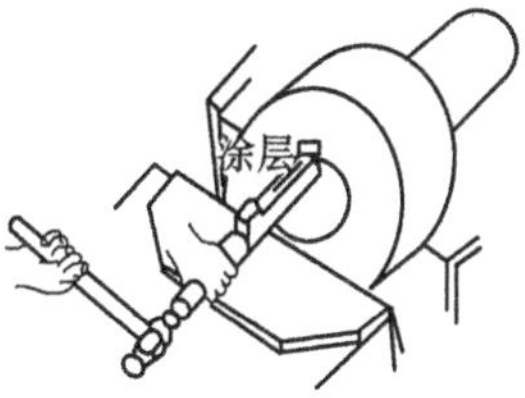	（2）紧键的装配 1）将轮毂装到轴上 2）将键打入，固紧
		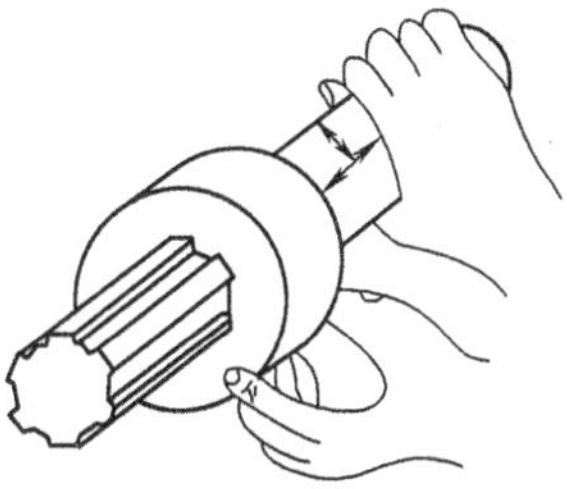	（3）花键的装配 1）静联接花键的装配 过盈量较小时，可用铜棒轻轻敲入。注意不能太紧，避免拉伤配合面 过盈量较大时，可将套件置于机油中加热至80~120℃后再装配 2）动联接花键的装配 装配时，花键孔在花键轴上应滑动自如，无阻滞，并且间隙适当
4	检验		检验键联接是否符合装配要求
5	键联接的拆卸	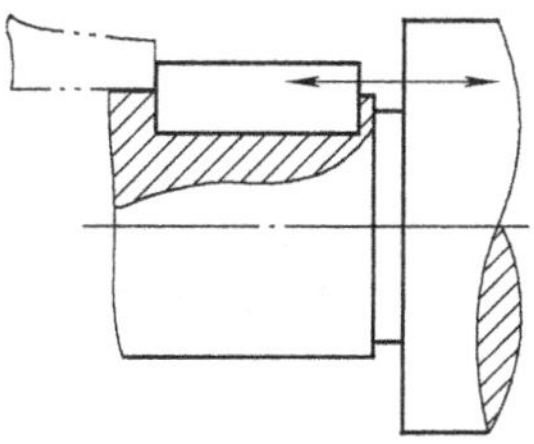	普通平键的拆卸 可用平头冲子顶在键的一端，用锤子适当敲打，另一端可用两侧面带有斜度的平头冲子按图示箭头部位挤压

（续）

序号	名称	图　示	说　明
5	键联接的拆卸	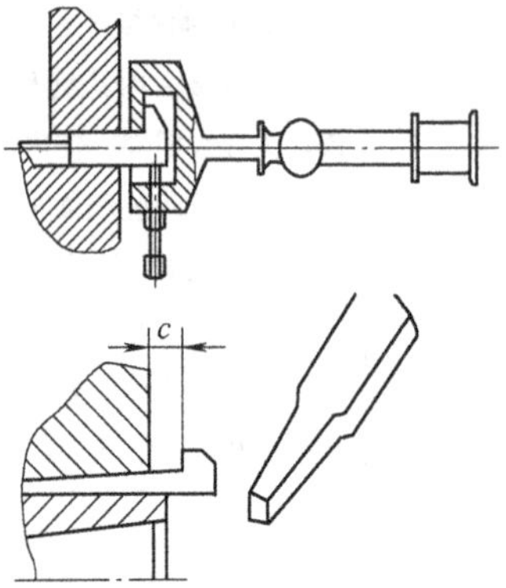	钩头楔键的拆卸 （1）若钩头部位间隙较大，用专用工具拉拔即可取出钩头楔键 （2）若钩头部位间隙较小，可用带有一定斜度的平冲头在间隙处挤压，即可取出钩头楔键

课题三　销联接的装配与拆卸

通过本课题的学习，应熟悉销联接的要求和类型，学会不同销联接的装配与拆卸方法，同时注意安全文明生产。

一、任务引入

用销联接的方式联接工件。

二、任务实施

销联接的装配、拆卸方法与步骤见表10-3。

表10-3　销联接的装配、拆卸方法与步骤

序号	名称	图　示	说　明
1	销联接的要求		（1）圆柱销与销孔的配合全靠少量的过盈量实现 （2）两销孔要同时加工 （3）销和销孔内不能有毛刺
2	销联接的类型	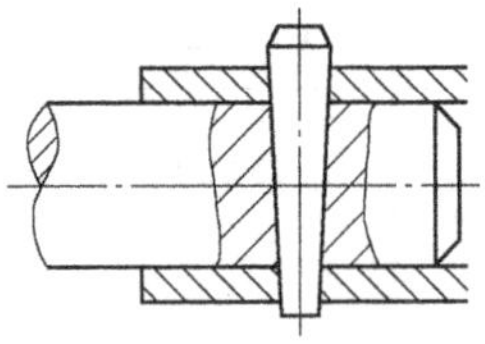	（1）圆锥销联接，常用来定位，对中性好，易于拆装
		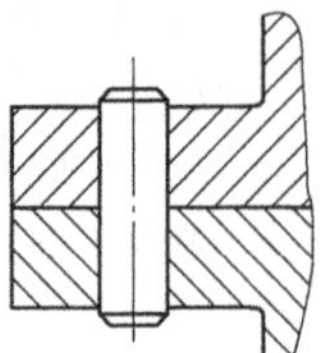	（2）圆柱销联接，不宜经常拆装

（续）

序号	名称	图 示	说 明
3	销联接的装配	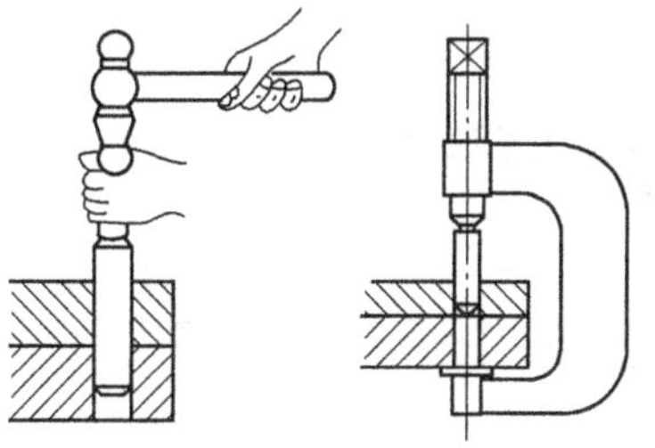	（1）圆柱销的装配 1）在圆柱销上涂上机油 2）将圆柱销对准孔，用铜棒将其打入孔中，也可用C形夹头把圆柱销压入孔内
		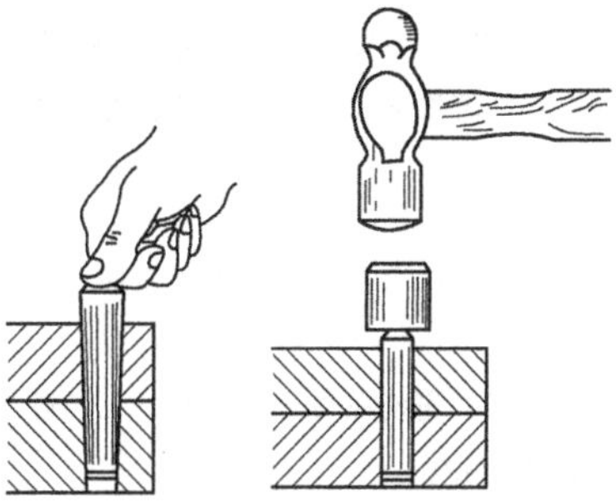	（2）圆锥销的装配 1）在圆锥销上涂上机油 2）用手将圆锥销压入销孔的80% 3）用铜棒将其打入，圆锥销的大端倒角部分可露出或平行于被联接件的表面
4	检验		操作结束后，认真检验装配是否符合要求
5	销联接的拆卸	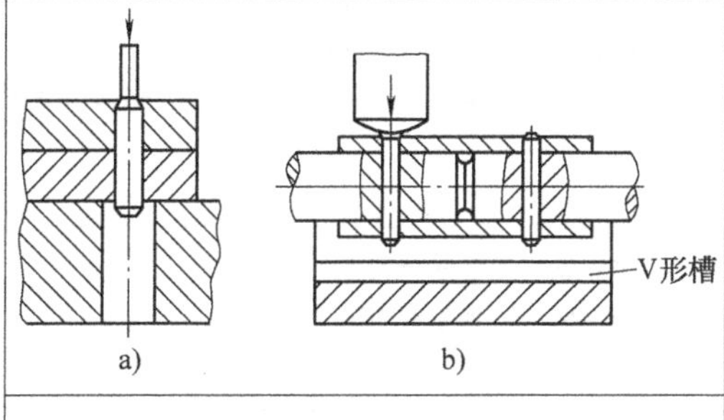	普通销联接的拆卸 （1）圆柱销的拆卸，用一个直径略小于销孔的金属棒顶住销子底部，用锤子将销敲出来 （2）圆锥销的拆卸，用一个直径略小于销孔的金属棒顶住小端底部，用锤子将销敲出来
		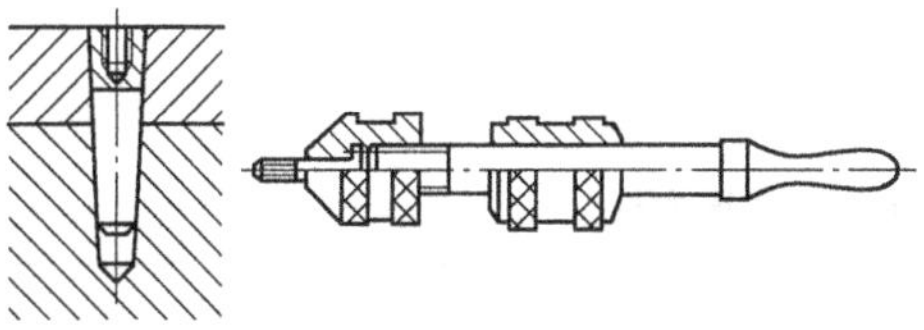	拆卸带内螺纹的圆锥销，可用拉拔器拔出
		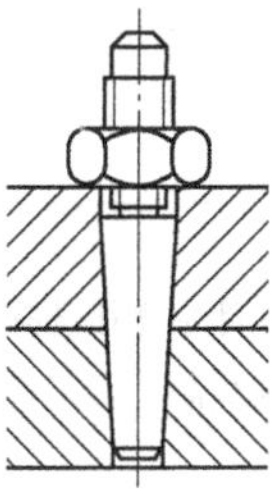	拆卸带螺尾的圆锥销，可用螺母旋出

知识拓展

一、装配工艺流程(表 10-4)

表 10-4　装配工艺流程

序号	步骤	说　明
1	装配前的准备工作	(1) 研究、熟悉产品装配图及其他工艺文件和技术要求，了解产品结构、各零件的作用以及相互连接关系 (2) 确定装配方法和顺序，准备所需要的工具 (3) 对装配的零件进行清理和清洗，去掉零件上的毛刺、铁锈、切屑、油污 (4) 对有些零件还需要进行刮削等修配工作，有些特殊要求的零件还要进行平衡试验、密封性实验等
2	装配工作	(1) 组件装配：将若干零件安装在一个基础零件上，进而构成组件的操作过程，如将轴、齿轮、键等装配成传动轴组件 (2) 部件装配：将若干零件、组件安装在另一个基础件上，进而构成部件的操作过程，如车床的主轴箱、进给箱的装配等 (3) 总装配：将若干零件、组件和部件组合成为一台完整机器的过程
3	调整、精度检验和试运行阶段	(1) 调整：调节零件或机构的相互位置、配合间隙、结合松紧等 (2) 精度检验：包括几何精度检验和工作精度检验等 (3) 试运行：检验机构或机器运转的灵活性及振动、温升、噪声、转速、功率、密封性等性能是否符合要求
4	涂装、装箱	(1) 喷漆：防止未加工面生锈，使产品更美观 (2) 涂油：保证工作表面和零件已加工表面不生锈 (3) 装箱：便于产品运输

二、装配方法(表 10-5)

表 10-5　装配方法

序号	方法	说　明
1	互换装配法	(1) 装配时，各配合零件不经修配、选择或调整，即可达到装配精度。该方法的装配精度由零件制造精度来保证 (2) 适用于大批量生产产品的装配
2	选择装配法	(1) 直接选配法 1) 在装配时，工人从许多待装配的零件中直接选择合适的零件进行装配 2) 该方法简单，但装配时间不易准确控制，装配精度不稳定 (2) 分组选配法 1) 按实际测量尺寸将零件分组，按对应的组分别进行装配 2) 可获得很高的装配精度，组内零件可以互换，装配效率高，适用于在大批大量生产中装配

（续）

序号	方法	说　　明
3	修配装配法	（1）装配时通过修配装配尺寸链中某一组成环（修配环）的尺寸，以达到装配精度的方法。要求修配环必须留有足够但又不是太大的修配量 （2）该方法生产率低，对装配工人的技术水平要求高，适用于单件小批生产
4	调整装配法	（1）装配时，通过改变可调整零件的相对位置或选用合适的调整件，可以达到装配精度 （2）该方法用于零件多、装配精度要求高而又不宜用选配法装配的产品

三、螺纹联接常用防松方法（表 10-6）

表 10-6　螺纹联接常用防松方法

序号	名称	图　　示	说　　明
1	摩擦防松	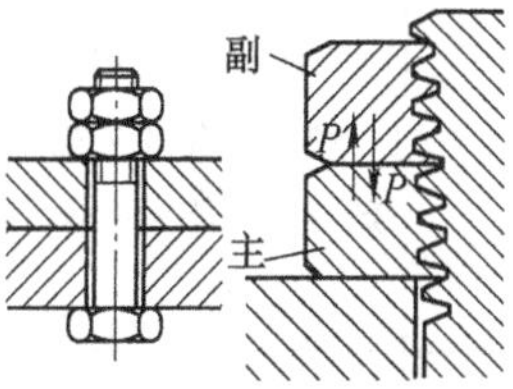	（1）对顶螺母防松 两螺母对顶拧紧后，使旋合螺纹间始终受到附加的压力和摩擦力的作用 此结构简单，适用于平稳、低速和重载的固定装置的联接
		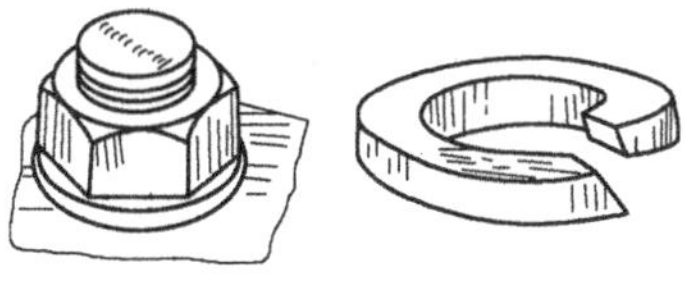	（2）弹簧垫圈防松 螺母拧紧后，靠垫圈压平而产生的弹性反力使旋合螺纹间压紧，一般用于不很重要的联接
2	机械防松	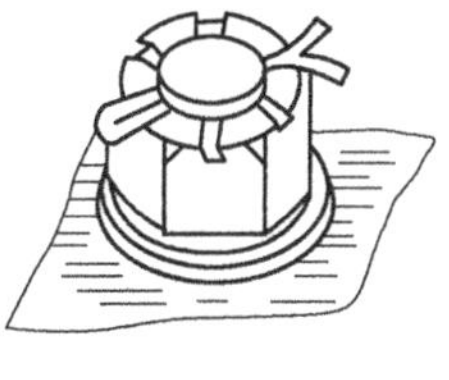	（1）开口销与带槽六角螺母防松 开槽六角螺母拧紧后，将开口销穿入螺栓尾部小孔和螺母的槽内，并将开口销尾部掰开与螺母侧面贴紧，适用于有较大冲击、振动的高速机械中运动部件的联接
		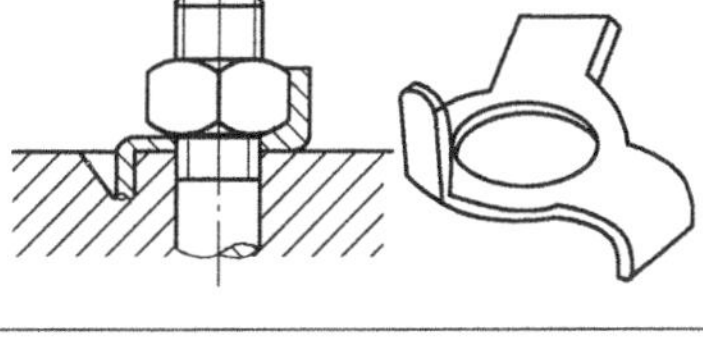	（2）止动垫圈防松 螺母拧紧后，将单耳或双耳止动垫圈分别向螺母和被联接件的侧面折弯贴紧，即可将螺母锁住 此结构简单，使用方便，防松可靠
		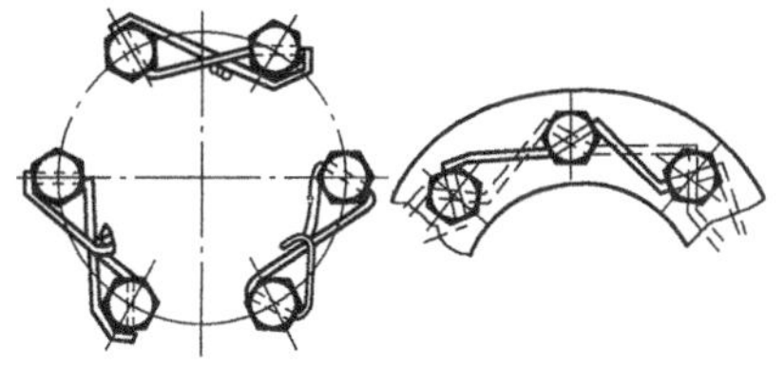	（3）串联钢丝防松 用钢丝穿入各螺钉头部的孔内，将各螺钉串联起来，使其相互制动。但须注意钢丝的穿入方向 适用于螺钉组联接

（续）

序号	名称	图　示	说　明
3	其他防松	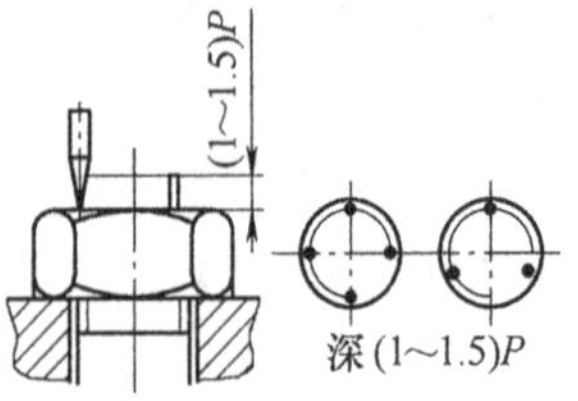	（1）冲点防松 用冲头在螺杆末端与螺母旋合缝处打冲，利用冲点防松。冲点在螺纹的小径处，防松可靠，但拆卸后联接件不能重复使用
		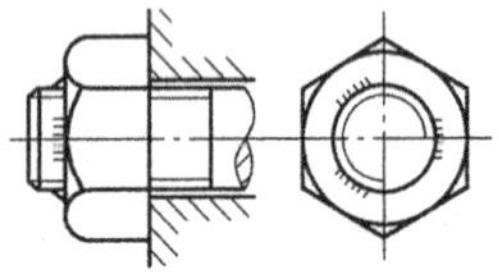	（2）焊接防松 在螺杆末端与螺母旋合缝处点2~3个焊点，防松可靠，但拆卸后联接件不能重复使用
		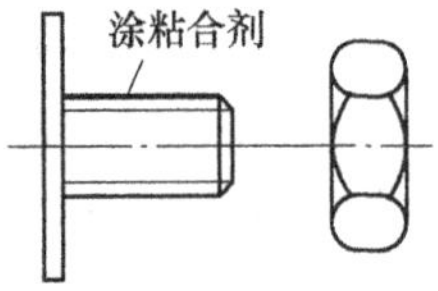	（3）涂粘合剂防松 利用粘合剂防松，装配简单方便，但与粘合剂自身性能关系较大，是一种不可拆联接

单元十一 工件铆接

本单元主要介绍工件的铆接和铆钉的拆卸方法。通过本单元的学习，能够了解铆接的类型、铆钉的形式，熟悉铆接用工具并掌握其使用方法，掌握铆钉铆接工件的方法和铆钉的拆卸方法，同时注意安全文明生产。

课题一　铆接概述及常用铆接工具

通过本课题的学习，应熟悉铆接的类型、应用场合，认识常用铆接工具的类型及规格。

铆接概述及常用铆接工具见表 11-1。

表 11-1　铆接概述及常用铆接工具

<table>
<tr><th>序号</th><th>名称</th><th>图　示</th><th>说　明</th></tr>
<tr><td>1</td><td>铆接定义</td><td>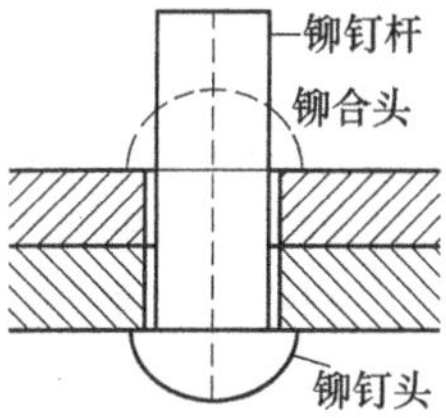
</td><td>铆接是利用铆钉把两个或两个以上的零件或构件连接为一个整体的方法
将铆钉插入被铆接工件的孔内，并把铆钉头紧贴工件表面，然后将铆钉杆的一端镦粗而成为铆合头</td></tr>
<tr><td rowspan="2">2</td><td rowspan="2">铆接种类</td><td></td><td>活动铆接（铰链铆接）
活动铆接的结合部位可以相互转动
例如：手用钳、剪刀、塞尺、划规等工具的铆接</td></tr>
<tr><td></td><td>固定铆接
固定铆接的结合部位是固定不动的，可分为以下种类
（1）坚固铆接
用于结构需要有足够的强度，承受强大作用力的地方，如桥梁等
（2）紧密铆接
用于低压容器装置以及各种气体、液体管路装置，如气筒、散热器等
（3）坚固紧密铆接
用于高压容器装置，如蒸汽锅炉和压缩空气罐等</td></tr>
</table>

（续）

序号	名称	图示	说明
3	压紧冲头	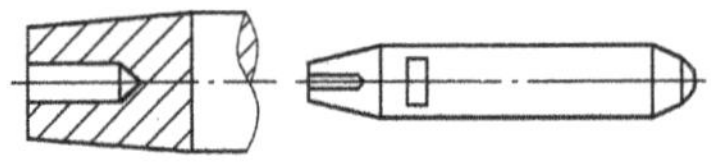	当铆钉插入铆钉孔后，用压紧冲头将被铆合的板件相互压紧
4	罩模与顶模	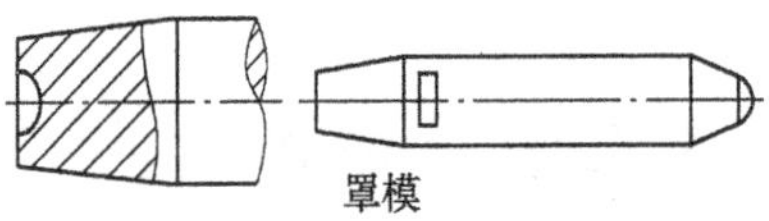 罩模	罩模用于铆接时做出完整的铆合头，柄部常制成圆柱形 其工作部分大多制成半圆形的凹球面，用于铆接半圆头铆钉；也可按平头铆钉的头部制成凹形，用于铆接平头铆钉
		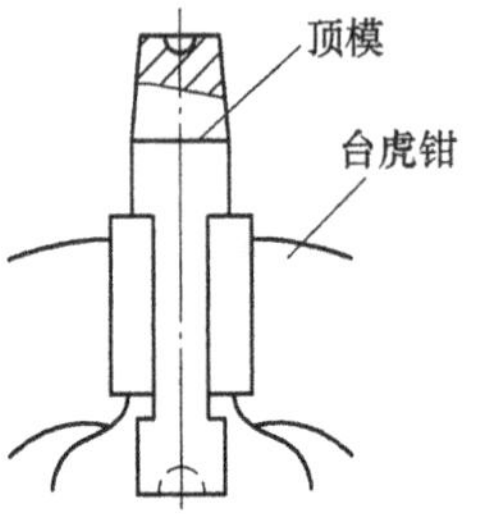	顶模的工作部分与罩模相同。顶模用于铆接时顶住铆钉的头部，以便进行铆接工作，而不损伤铆钉头，其柄部常制成两个平行的平面，以便在台虎钳上夹持稳固，铆接时锤击有力
5	锤子		常用圆头锤子和方头锤子。专用于铆接的锤子称为铆接锤子。其锤身较长而略带弯形。这种锤子对铆接箱盒里角处比锤身直的锤子更便于施力敲打。锤子的大小应根据铆钉直径的大小来选用，通常使用250~500g的锤子

课题二　工件的铆接

通过本课题的学习，应熟悉铆接的形式，学会用半圆头铆钉、沉头铆钉、空心铆钉、抽芯铆钉、击芯铆钉铆接工件，学会使用抽芯铆枪，熟悉铆接时的常见问题并掌握预防方法与解决措施，同时注意安全文明生产。

一、用半圆头铆钉铆接工件

1. 课题引入

用半圆头铆钉铆接两块厚6mm的钢板。

2. 课题实施

用半圆头铆钉铆接工件的步骤和方法见表11-2。

表 11-2 用半圆头铆钉铆接工件的步骤和方法

<table>
<tr><th>序号</th><th>名称</th><th>图 示</th><th>说 明</th></tr>
<tr><td>1</td><td>铆钉直径的确定</td><td>铆钉直径的选择
（单位：mm）
<table>
<tr><td>板厚 δ</td><td>5~6</td><td>7~9</td><td>9.5~12.5</td><td>13~18</td></tr>
<tr><td>铆钉直径 d</td><td>10~12</td><td>14~25</td><td>20~22</td><td>24~27</td></tr>
</table></td><td>铆接时，铆钉直径的大小是根据铆接板的厚度来确定的，铆钉直径一般按板厚的 1.8 倍来确定，也可按左表来确定</td></tr>
<tr><td>2</td><td>铆钉长度的确定</td><td></td><td>半圆头铆钉伸出部分的长度，应为铆钉直径的 1.25~1.5 倍
沉头铆钉伸出部分的长度，应为铆钉直径的 0.8~1.2 倍
击心铆钉伸出部分的长度，应为 2~3mm
抽心铆钉伸出部分的长度，应为 3~6mm</td></tr>
<tr><td>3</td><td>铆钉孔径的确定</td><td>铆钉直径及通孔直径
（单位：mm）
<table>
<tr><td colspan="2">公称直径</td><td>2.0</td><td>2.5</td><td>3.0</td><td>4.0</td><td>5.0</td><td>6.0</td><td>8.0</td></tr>
<tr><td rowspan="2">通孔直径</td><td>精装配</td><td>2.1</td><td>2.6</td><td>3.1</td><td>4.1</td><td>5.2</td><td>6.2</td><td>8.2</td></tr>
<tr><td>粗装配</td><td>2.2</td><td>2.7</td><td>3.4</td><td>4.5</td><td>5.6</td><td>6.6</td><td>8.6</td></tr>
</table></td><td>铆接时通孔的大小，应随连接要求的不同而有所变化。若孔径过小，将使铆钉插入困难；若孔径过大，则铆合后的工件容易松动。无特殊要求时，一般可按表选取</td></tr>
<tr><td>4</td><td>将板料贴合</td><td></td><td>将要铆接的板料表面清理干净后，将两板贴合夹持固定</td></tr>
<tr><td>5</td><td>划线钻孔</td><td></td><td>划好线，打样冲眼，钻孔、倒角</td></tr>
<tr><td>6</td><td>装入铆钉</td><td></td><td>将选好的铆钉装入铆钉孔中</td></tr>
<tr><td>7</td><td>压紧板料</td><td>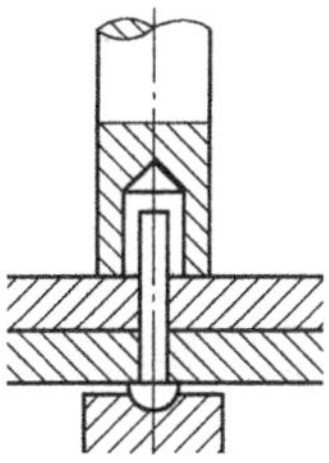</td><td>铆钉插入配钻好的钉孔后，将顶模夹紧或置于垂直而稳固的状态，使铆钉半圆头与顶模凹圆相接，用压紧冲头把被铆接件压紧贴实</td></tr>
</table>

（续）

序号	名称	图　示	说　明
8	镦粗铆钉	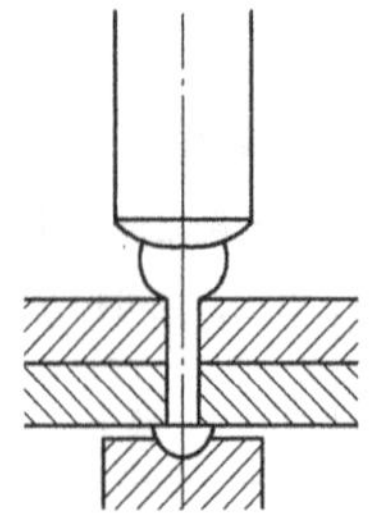	用锤子垂直锤打铆钉伸出部分，使其镦粗
9	初步成形	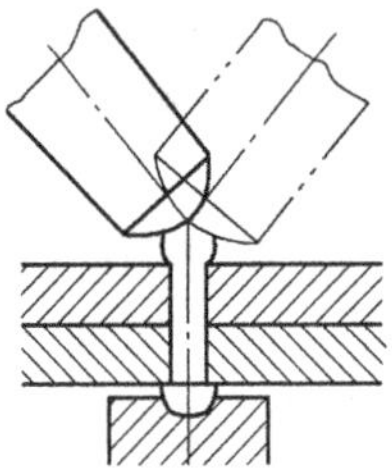	用锤子斜着均匀锤打周边，初步成形铆钉头
10	铆接成形	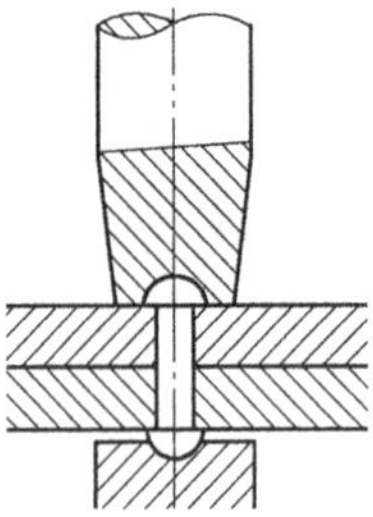	用罩模铆打，并不时地转动罩模，垂直锤打，成形半圆头
11	完成任务		铆接完成，卸下工件，整理工、量具

二、用沉头铆钉铆接工件

1. 课题引入

用沉头铆钉铆接两块厚6mm的钢板。

2. 课题实施

用沉头铆钉铆接工件的步骤和方法见表11-3。

表11-3　用沉头铆钉铆接工件的步骤和方法

序号	名称	图　示	说　明
1	装入铆钉	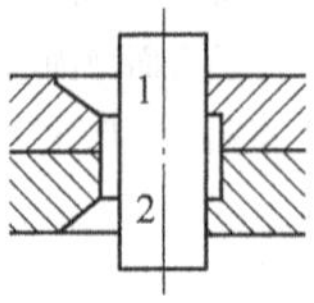	沉头铆钉的一种是用成品沉头铆钉铆接，用圆钢截断后做铆钉

（续）

序号	名称	图　示	说　明
2	镦粗铆钉	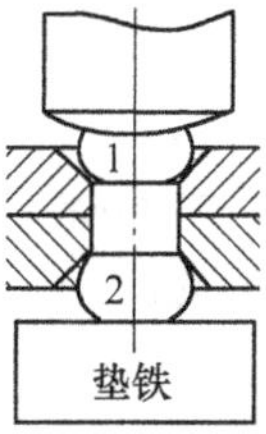	铆钉插入孔后，在被铆接件下面支承好淬火平垫铁，在正中镦粗面 1、2
3	铆合面2	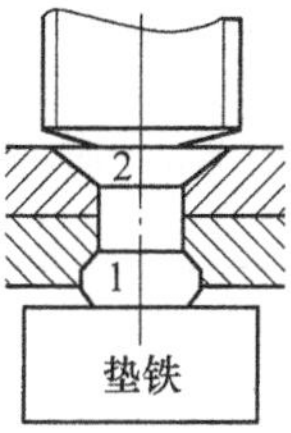	铆合面 2，修平高出平面部分
4	铆合面1	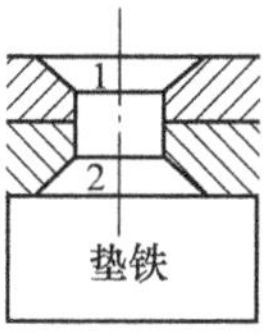	铆合面 1，修平高出平面部分
5	完成任务		铆接完成，卸下工件，整理工、量具

三、用空心铆钉铆接工件

1. 课题引入

用空心铆钉铆接两块厚 6mm 的钢板。

2. 课题实施

用空心铆钉铆接工件的步骤和方法见表 11-4。

表 11-4　用空心铆钉铆接工件的步骤和方法

序号	名称	图　示	说　明
1	装入铆钉	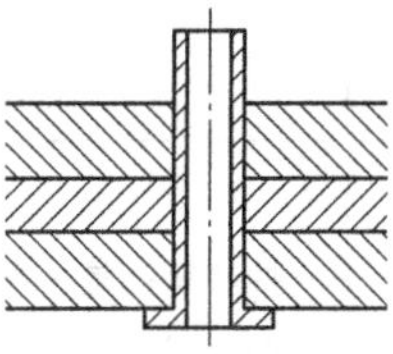	将选好的空心铆钉插入铆钉孔内，钉头一端向下，垫好
2	初步成形	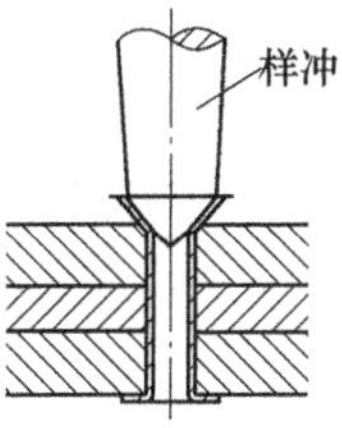	用样冲（或类似的冲头）冲一下，使上端撑开，与铆接件相接触

（续）

序号	名称	图　示	说　明
3	铆接成形	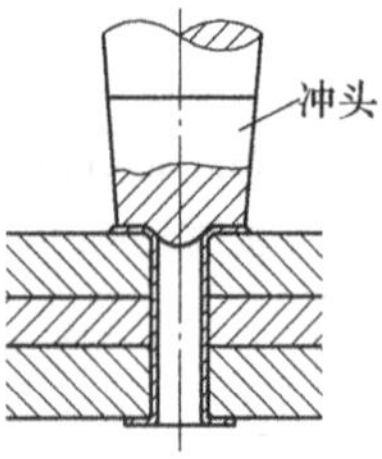	用特别的冲头使翻开的铆钉贴严于工件，铆接成形
4	完成任务		铆接完成，卸下工件，整理工、量具

四、用抽芯铆钉铆接工件

1. 课题引入

用抽芯铆钉铆接两块厚3mm的钢板。

2. 课题实施

用抽芯铆钉铆接工件的步骤和方法见表11-5。

表11-5　用抽芯铆钉铆接工件的步骤和方法

序号	名称	图　示	说　明
1	拉铆枪	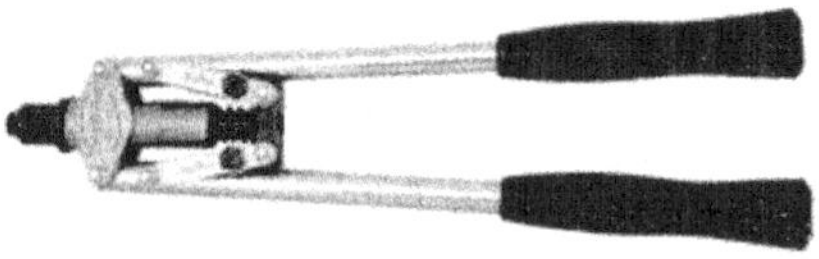	手动拉铆枪
		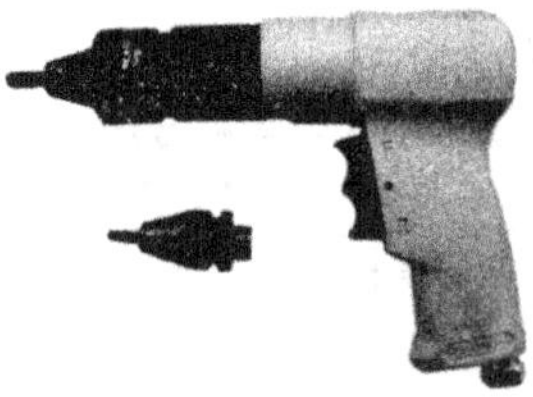	气动拉铆枪
2	抽芯铆钉		抽芯铆钉是一类单面铆接用的铆钉，须使用专用工具——拉铆枪（手动、电动、气动）进行铆接

（续）

序号	名称	图　示	说　明
3	装入铆钉	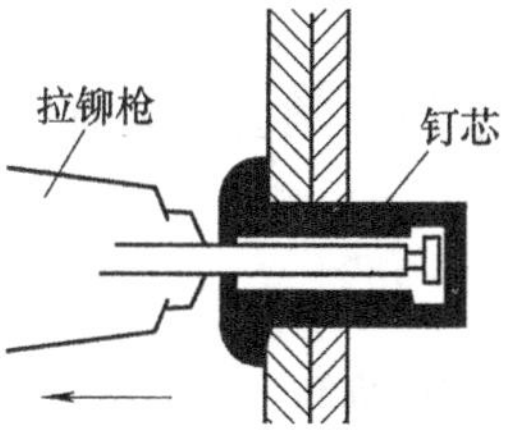	将抽芯铆钉插入铆件孔内，并将伸出铆钉头的钉芯插入拉铆枪头部的孔内，然后起动拉铆枪
4	铆接成形	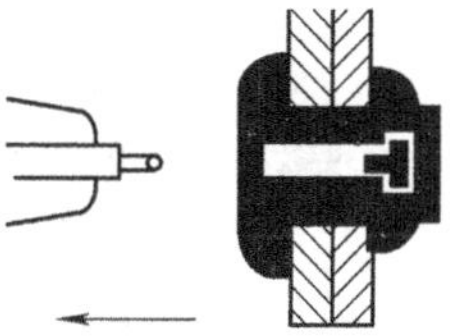	由于钉芯的一端是制成凸缘形的，随着钉芯的抽出，使伸出铆件的铆钉杆在凸缘作用下自行膨胀形成铆合头，待工件铆牢后，钉芯即在凹槽处断开而被抽出

五、用击芯铆钉铆接工件

1. 课题引入

用击芯铆钉铆接两块厚5mm的钢板。

2. 课题实施

用击芯铆钉铆接工件的步骤和方法见表11-6。

表11-6　用击芯铆钉铆接工件的步骤和方法

序号	名称	图　示	说　明
1	击芯铆钉	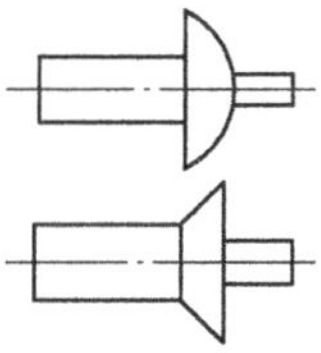	击芯铆钉是一种非常方便铆接的新型铆接紧固件，适用于比较狭小空间内或没有铆枪或不能使用铆枪的场合
2	装入铆钉	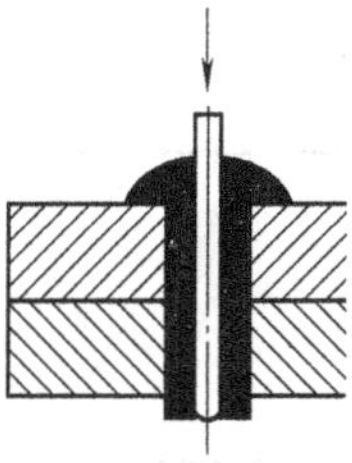	将击芯铆钉插入铆件孔内，用锤子敲击钉芯，当敲到钉芯与铆钉头相平时，钉芯即被击至铆钉杆的底部
3	铆接成形	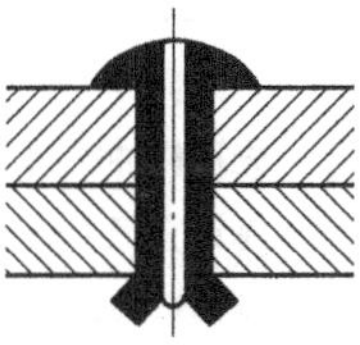	由于钉芯的一端呈棱锥形，故铆钉伸出铆件的部分，沿印痕向四面胀开，形成美丽的四角形花朵，这样工件就被铆合

课题三　铆钉的拆卸

通过本课题的学习，应掌握拆卸铆钉的一般步骤，学会不同铆钉的拆卸方法，同时注意安全文明生产。

一、半圆头铆钉的拆卸(表 11-7)

表 11-7　半圆头铆钉的拆卸

序号	名称	图　　示	说　　明
1	锉平		对于较粗糙的铆接件，可直接用錾子把铆钉头錾去，再用冲头将铆钉冲出铆孔 当铆接件的表面不允许受到损伤时，可用钻孔的方法拆卸，要求先把铆钉头略微敲平或锉平
2	钻孔	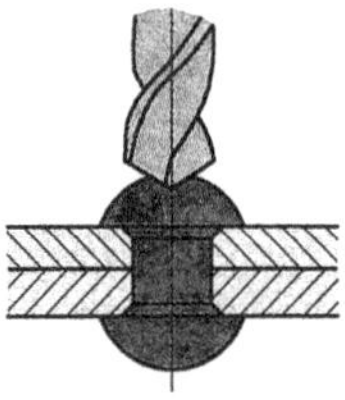	用样冲冲出样冲眼，再用钻头钻孔(钻孔深度为铆合头的高度)
3	折断铆钉头	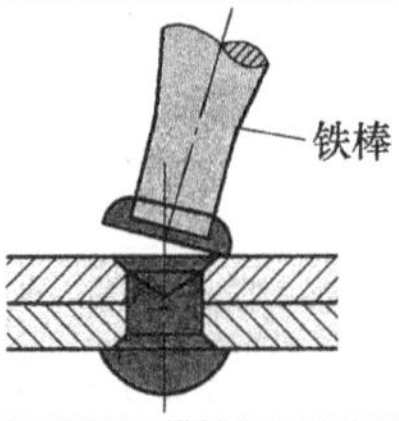	用一合适的铁棒插入钻孔中，将铆钉头折断
4	冲出铆钉	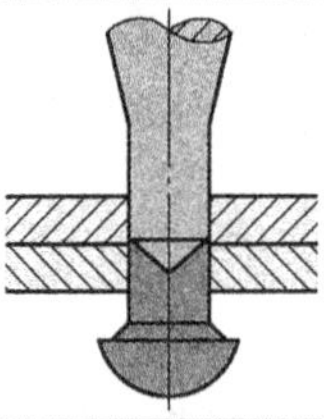	用小于底孔直径的冲头将铆钉冲出

二、沉头铆钉的拆卸(表 11-8)

表 11-8　沉头铆钉的拆卸

序号	名称	图　　示	说　　明
1	钻孔	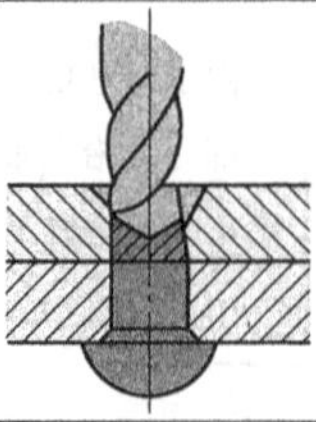	先用样冲在铆接头上冲出样冲眼，至少用小于铆钉直径 1mm 的钻头钻孔，其钻孔深度应稍超过铆钉头的高度

（续）

序号	名称	图示	说明
2	冲出铆钉	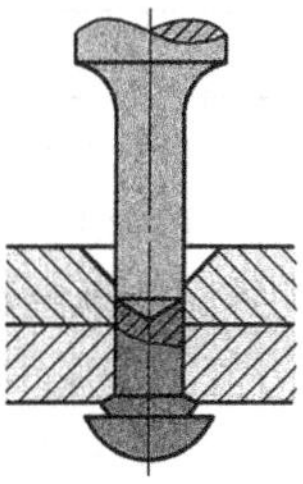	用小于底孔直径的冲头将铆钉冲出

知识拓展

一、铆接的形式（表 11-9）

表 11-9 铆接的形式

序号	名称	图示	说明
1	对接	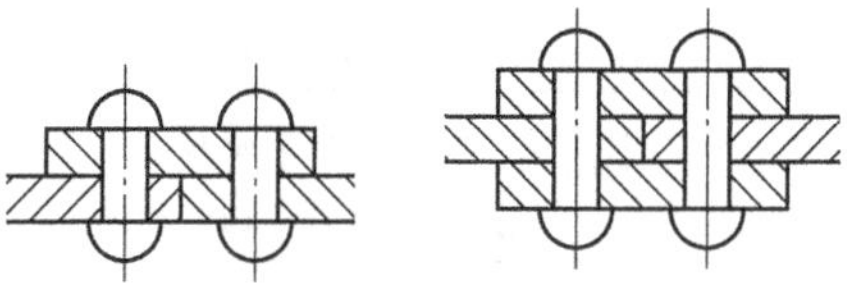 a) b)	将两块板料置于同一平面，利用盖板进行铆接 图 a 所示为单盖板式对接 图 b 所示为双盖板式对接
2	搭接	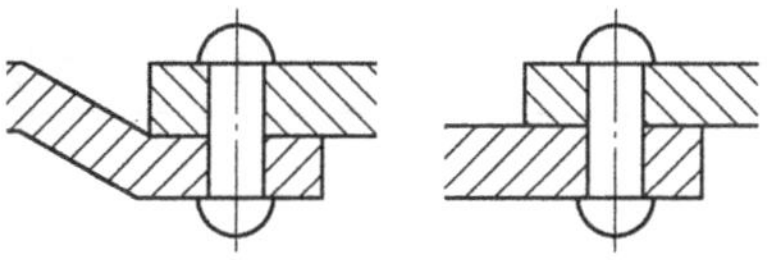	将一块板料搭在另一块板上进行铆接
3	角接	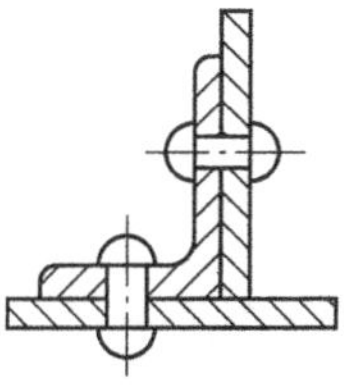	对两块相互垂直或成一定角度的板料进行铆接
4	相互铆接		对两个或两个以上形状相同或类似的、相互重叠或结合在一起的零件进行铆接

二、铆接时的常见问题和预防方法(表 11-10)

表 11-10　铆接时的常见问题和预防方法

序号	问题类型	产生原因	预防方法
1	铆合头偏歪	1. 铆钉太长 2. 铆钉歪斜，铆钉孔没有对准 3. 镦粗铆合头时不垂直	(1) 选择长度合适的铆钉 (2) 铆钉孔要对准 (3) 镦粗铆合头时要垂直
2	铆合头不光洁或有凹痕	1. 罩模工作面不光洁 2. 铆接时锤击力过大或连续锤击，罩模弹回时棱角碰在铆合头上	(1) 检查罩模工作面 (2) 铆接时锤击力要适当，避免力量过大
3	半圆铆合头不完整	铆钉太短	选择长度合适的铆钉
4	沉头座没填满	1. 铆钉太短 2. 镦粗时锤击方向与板料不垂直	(1) 选择长度合适的铆钉 (2) 镦粗铆合头时要使锤击方向与板料垂直
5	圆铆钉头没有紧贴工件	1. 铆钉孔直径太小 2. 孔口没有倒角	(1) 选择合适的铆钉孔直径 (2) 孔口倒角
6	工件上有凹痕	1. 罩模歪斜 2. 罩模凹坑太大	(1) 罩模要垂直 (2) 选择合适的罩模
7	铆钉杆在孔内弯曲	1. 铆钉孔太大 2. 铆钉杆直径太小	(1) 选择合适的铆钉孔直径 (2) 选择合适的铆钉杆直径
8	工件之间有间隙	1. 工件板料不平整 2. 板料没有压紧	(1) 铆接工件板料要平整 (2) 铆接工件板料要用压紧冲头压紧

单元十二 综合练习

本单元内容主要为钳工实习练习，通过各课题的练习，掌握钳工加工工艺的制订，进一步增强钳工实践水平，提高动手操作能力。

课题一　加工多角样板

一、课题目标

1）掌握较高精度样板的加工方法。

2）掌握精锉角度面的操作技能，提高实际动手能力。

二、操作步骤

1）检查坯料尺寸。

2）修整划线基准。

3）按图样划出各角加工位置线，钻 2×ϕ3mm 孔。

4）以底面为基准分别锉削、修整 90°、60°、120°（凹）、30°、120°（凸）各角，保证各角度精度达到图样要求。

5）去毛刺，复检。

三、文明生产注意事项

1）加工时须防止工件掉落摔坏。

2）各加工面锉削纹理方向一致。

四、工、量、刃具清单(表 12-1)

表 12-1　工、量、刃具清单

名称	规格	精度(分度值)	数量	名称	规格	精度(分度值)	数量
高度游标卡尺	0~300mm	0.02mm	1	划针			1
游标卡尺	0~150mm	0.02mm	1	金属直尺	0~150mm		1
游标万能角度尺	0°~320°	2′	1	钻头	ϕ3mm		1
直角尺	80mm×50mm	一级	1	扁锉	250mm		1
刀口形直尺	100mm		1		200mm		1
塞尺	0.02~1mm		1		150mm		1
锯弓			1		100mm		1
锯条			若干	三角锉	150mm		1
锤子			1	软钳口			1 副

（续）

名称	规格	精度（分度值）	数量	名称	规格	精度（分度值）	数量
样冲			1	锉刀刷			1
划规			1				
备注							

五、零件图（图 12-1）

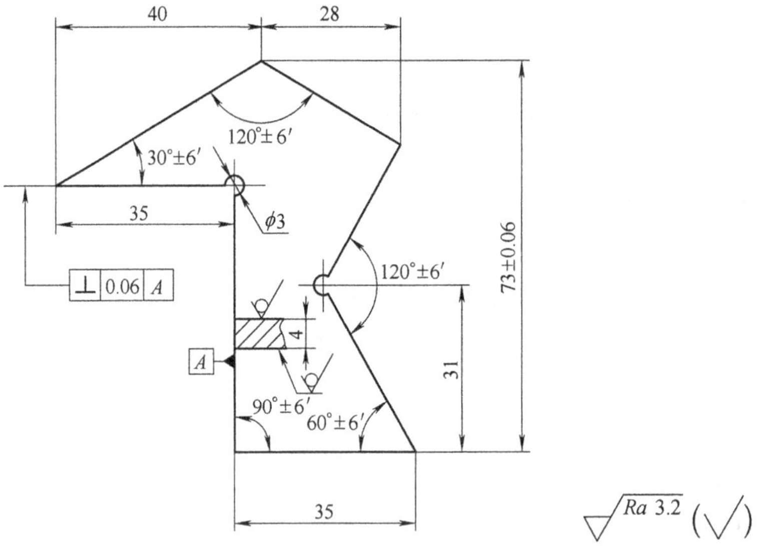

技术要求

1. 工件表面直线度公差为 0.06。
2. 未注公差尺寸按 GB/T 1804—f。

名称	图号	材料	时间
多角样板	LX2	Q235	270min

图 12-1　零件图

六、毛坯

尺寸：80mm×75mm×4mm。

数量：1 块。

七、参考等级

钳工初级。

八、评分标准（表 12-2）

表 12-2　加工多角样板的评分标准

项目	序号	考核要求	配分	量具	实测结果	得分
锉削	1	73±0.06mm	15	游标卡尺		
	2	30°±6′	10	游标万能角度尺		
	3	60°±6′	10			
	4	90°±6′	10			
	5	120°±6′(凸)	10			
	6	120°±6′(凹)	10			
	7	*Ra*3.2μm(7 处)	2×7			
	8	⊥ 0.06 *A*	7	刀口形直尺、塞尺		
	9	— 0.03(7 处)	2×7	刀口形直尺		
其他	10	外观	出现毛刺、损伤、畸形扣 1~5 分			
	11	安全文明生产	违者视情节轻重扣 1~10 分			
备注						

姓名　　　　工号　　　　日期　　　　教师　　　　得分

课题二　加工六角螺母

一、课题目标

1）提高平面锉削和圆弧锉削技能。

2）提高攻螺纹技能，掌握螺母的加工方法。

二、操作步骤

1）检查坯料尺寸并划线。

2）钻螺纹底孔并倒角。

3）以孔为基准，按图样尺寸锉削六面体，先加工出两平行面，保证尺寸精度，再加工两平行面中任一面两边的对称面，保证角度精度和各面的垂直度要求。

4）攻螺纹，倒 30°圆弧角。

5）去毛刺，复检。

三、文明生产注意事项

1）钻孔时工件须与钻床主轴垂直，攻螺纹时应注意丝锥的垂直。

2）规范操作钻床。

3）30°圆弧应锉削圆滑。

4）各加工面锉削纹理方向应一致。

四、工、量、刃具清单(表 12-3)

表 12-3　工、量、刃具清单

名称	规格	精度(分度值)	数量	名称	规格	精度(分度值)	数量
高度游标卡尺	0~300mm	0.02mm	1	划针			1
游标卡尺	0~150mm	0.02mm	1	金属直尺	0~150mm		1
游标万能角度尺	0°~320°	2′	1	钻头	ϕ3mm、ϕ10.2mm		各 1
直角尺	80mm×50mm	一级	1		ϕ12.8mm		各 1
刀口形直尺	100mm		1	扁锉	250mm		1
塞尺	0.02~1mm		1		200mm		1
螺纹塞规	M12	H7	1		150mm		1
丝　锥	M12	H7	1		100mm		1
锯弓			1	划规			1
锯条			若干	软钳口			1 副
锤子			1	锉刀刷			1
样冲			1	铰杠			1
备注							

五、零件图(图 12-2)

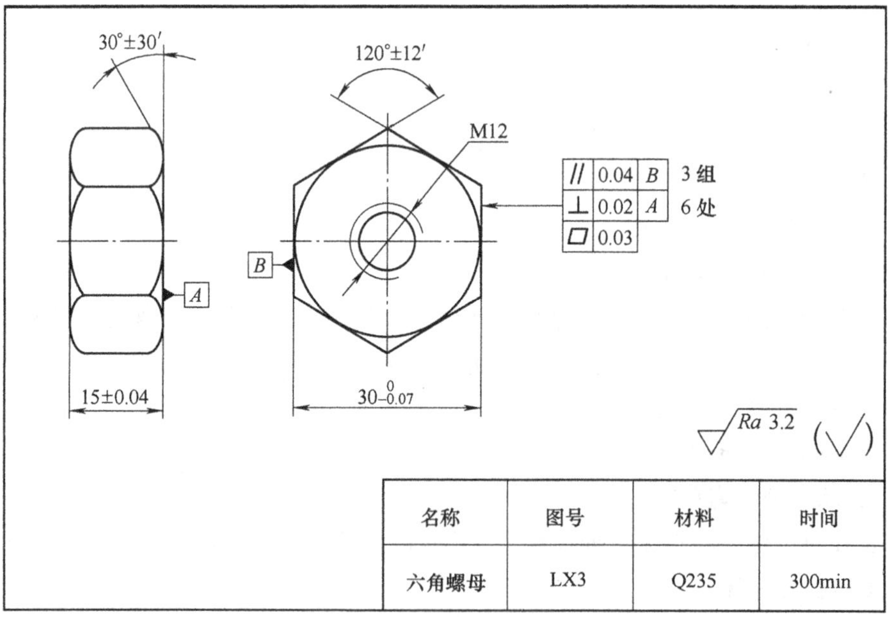

图 12-2　零件图

六、毛坯

尺寸：40mm×35mm×16mm。

数量：1 块。

七、参考等级

钳工初级。

八、评分标准(表 12-4)

表 12-4 加工六角螺母的评分标准

项目	序号	考核要求	配分	量具	实测结果	得分
锉削	1	$30_{-0.07}^{0}$mm	5×3	游标卡尺		
	2	15±0.04mm	5			
	3	30°±30′	4	游标万能角度尺		
	4	120°±12′	3×5			
	5	∥ 0.04 B (3处)	3×4	千分尺		
	6	⊥ 0.02 A (6处)	2×6	刀口形直尺、塞尺		
	7	▱ 0.03 (8处)	2×8			
	8	*Ra*3.2μm(8处)	8	目测		
螺纹	9	M10	5	螺纹塞规		
	10	*C*1.5	2	目测		
	11	*Ra*3.2μm	3			
	12	无滑牙、乱牙	3			
其他	13	外观	毛刺、损伤、畸形扣1~5分			
	14	安全文明生产	违者视情节轻重扣1~10分			
备注						

姓名　　　　　工号　　　　　日期　　　　　教师　　　　　得分

课题三　加工导向块

一、课题目标

1）提高平面锉削的技能水平。

2）提高铰孔、攻螺纹的技能水平。

3）掌握排孔和錾削技能。

二、操作步骤

1）检查坯料尺寸，修整划线基准。

2）按图样划线。

3）锯削、锉削右侧直角，达到图样要求。

4）钻排孔去除余料，粗、精锉凹槽，达到图样尺寸和几何公差要求。

5）锯削、锉削左侧45°角，达到要求。

6）划线，钻铰孔底孔和螺纹孔底孔，铰孔，攻螺纹。

7）去毛刺，复检。

三、文明生产注意事项

1）钻孔时工件须与钻床主轴垂直，攻螺纹、铰孔时应注意丝锥、铰刀的垂直。

2）规范操作钻床。

3）錾削时注意规范操作，不得使用蛮力以免损伤工件，损坏台虎钳。

4）各加工面锉削纹理方向应一致。

四、工、量、刃具清单（表 12-5）

表 12-5　工、量、刃具清单

名称	规格	精度（分度值）	数量	名称	规格	精度（分度值）	数量
高度游标卡尺	0~300mm	0.02mm	1	样冲			1
游标卡尺	0~150mm	0.02mm	1	锤子			
千分尺	0~25mm	0.01mm	1	划针			1
	25~50mm	0.01mm	1	金属直尺	0~150mm		1
	50~75mm	0.01mm	1	钻头	ϕ3mm、ϕ9.8mm		各 1
游标万能角度尺	0°~320°	2′	1		ϕ8.5mm、ϕ12mm		各 1
直角尺	80mm×50mm	一级	1	扁锉	250mm		1
刀口形直尺	100mm		1		200mm		1
塞尺	0.02~1mm		1		150mm		1
螺纹塞规	M10	H7	1		100mm		1
丝锥	M10	H7	1	细三角锉	200mm		1
手用铰刀	ϕ10mm	H7	1	划规			1
锯弓			1	软钳口			1 副
锯条			若干	锉刀刷			1
铰杠			1	钢錾			1

五、零件图（图 12-3）

六、毛坯

尺寸：81mm×55mm×15mm。

数量：1 块。

七、参考等级

钳工初级。

八、评分标准（表 12-6）

表 12-6　导向块评分标准

项目	序号	考核要求	配分	量具	实测结果	得分
锉削	1	$35_{-0.039}^{0}$mm	5	游标卡尺		
	2	50±0.023mm	5			
	3	$65_{-0.046}^{0}$mm	5			
	4	$200_{-0.052}^{0}$mm（2 处）	5×2			

（续）

项目	序号	考核要求	配分	量具	实测结果	得分
锉削	5	*C*10	2	游标万能角度尺		
	6	⊥ 0.03 *A*（5 处）	5×4	刀口形直尺、塞尺		
	7	▱ 0.03（5 处）	5×4			
	8	*Ra*3. 2μm（8 处）	8	目测		
铰孔	9	ϕ10H8	4	塞规		
	10	18±0. 25mm	2	游标卡尺		
	11	45±0. 2mm	2			
	12	20±0. 25mm	2			
	13	*Ra*1. 6μm	3	目测		
螺纹	14	M10-7H	4	螺纹塞规		
	15	*C*1. 5	2	目测		
	16	*Ra*3. 2μm	3			
	17	无滑牙、乱牙	3			
其他	18	外观	毛刺、损伤、畸形扣 1~5 分			
	19	安全文明生产	违者视情节轻重扣 1~10 分			

姓名　　　　　　工号　　　　　　日期　　　　　　教师　　　　　　得分

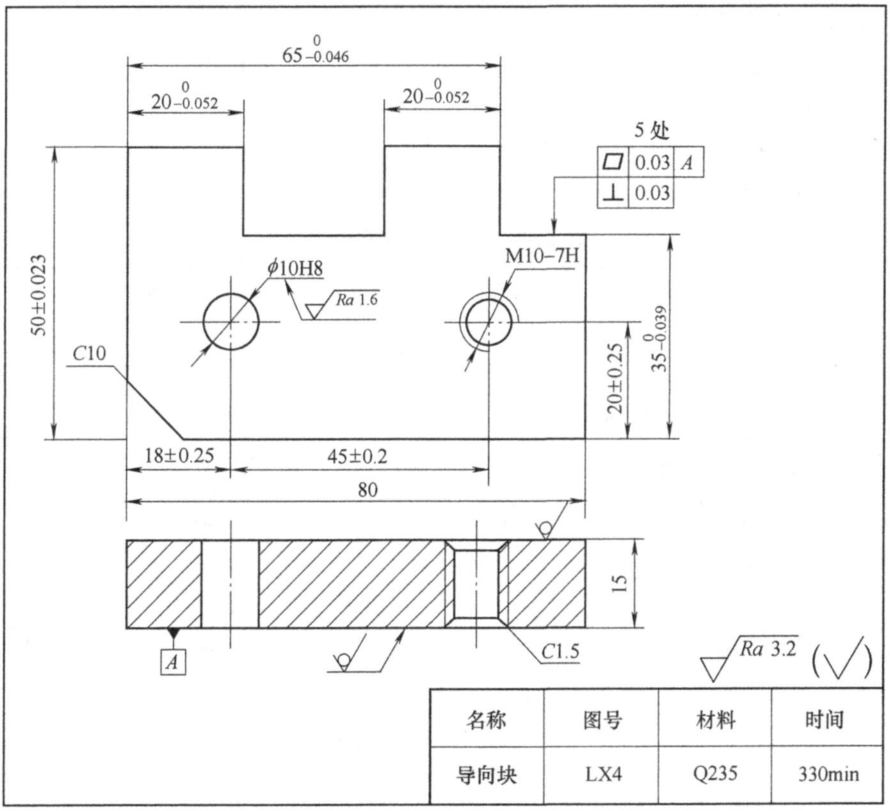

图 12-3　零件图

课题四　加工燕尾板

一、课题目标

1）提高平面锉削技能水平。

2）提高铰孔技能水平。

3）掌握燕尾的计算、加工和测量方法。

二、操作步骤

1）检查坯料尺寸，修整划线基准。

2）锉削外形尺寸，达到图样中的尺寸精度与几何公差要求。

3）按对称形体划线方法划出燕尾加工位置线。

4）钻 2×ϕ3mm 工艺孔。

5）锯削、锉削燕尾一侧 60°角，用圆柱间接测量的方法控制燕尾位置。本处应根据 60mm 的实际尺寸，将燕尾控制在[60mm/2+(24±0.065)mm/2]的范围内。

6）锯削、锉削燕尾一侧 60°角，用两圆柱测量控制尺寸 24±0.065mm，达到图样要求。

7）划线，钻孔、铰孔。

8）去毛刺，复检。

三、文明生产注意事项

1）钻孔时工件须与钻床主轴垂直，铰孔时应注意铰刀的垂直。

2）规范操作钻床。

3）各加工面锉削纹理方向应一致。

四、工、量、刃具清单(表 12-7)

表 12-7　工、量、刃具清单

名称	规格	精度(分度值)	数量	名称	规格	精度(分度值)	数量
高度游标卡尺	0~300mm	0.02mm	1	样冲			1
游标卡尺	0~150mm	0.02mm	1	锤子			
千分尺	25~50mm	0.01mm	1	金属直尺	0~150mm		1
	50~75mm	0.01mm	1	钻头	ϕ3mm、ϕ7.8mm		各 1
游标万能角度尺	0°~320°	2′	1		ϕ12mm		各 1
直角尺	80mm×50mm	一级	1	扁锉	250mm		1
芯棒	ϕ10mm×14mm	h6	2		200mm		1
塞尺	0.02~1mm		1		150mm		1
塞规	ϕ8mm	H7	1	粗三角锉	150mm		1
手用铰刀	ϕ8mm	H7	1	细三角锉	150mm		1
锯弓			1	划规			1

（续）

名称	规格	精度（分度值）	数量	名称	规格	精度（分度值）	数量
锯条			若干	软钳口			1副
铰杠			1	锉刀刷			1
划针			1				

五、零件图（图 12-4）

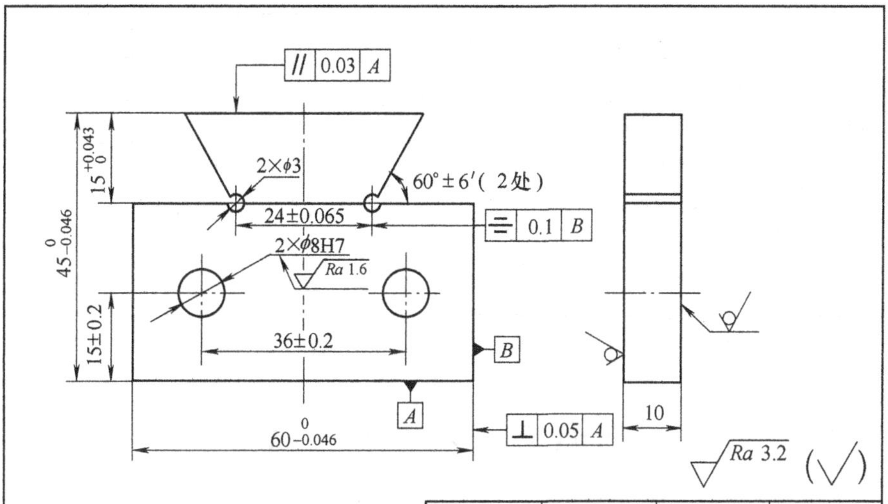

名称	图号	材料	时间
燕尾板	LX5	Q235	240min

图 12-4 零件图

六、毛坯

尺寸：60. 5mm×50mm×10mm。

数量：1。

七、参考等级

钳工初级。

八、评分标准（表 12-8）

表 12-8 加工燕尾板的评分标准

项目	序号	考核要求	配分	量具	实测结果	得分
锉削	1	$60^{0}_{-0.046}$mm	8	游标卡尺		
	2	24±0. 065mm	10			
	3	$15^{+0.043}_{0}$mm（2 处）	6×2			
	4	$45^{0}_{-0.046}$mm	8			

（续）

项目	序号	考核要求	配分	量具	实测结果	得分
锉削	5	∥ 0.03 A	5	刀口形直尺、塞尺		
	6	⊥ 0.05 A	5			
	7	⌯ 0.1 B	8	游标卡尺		
	8	60°±6′（2处）	6×2	游标万能角度尺		
	9	*Ra*3.2μm（8处）	8	目测		
铰孔	10	2×ϕ8H7	3×2	塞规		
	11	36±0.2mm	6	游标卡尺		
	12	15±0.2mm	6			
	13	*Ra*1.6μm（2处）	6	目测		
其他	14	外观	毛刺、损伤、畸形扣1~5分			
	15	安全文明生产	违者视情节轻重扣1~10分			
备注						

姓名　　　　工号　　　　日期　　　　教师　　　　得分

课题五　六角外镶配

一、课题目标

1）提高平面锉削技能水平。

2）掌握六角形体锉配方法，达到配合转换精度要求。

二、操作步骤

1）检查坯料尺寸，修整划线基准。

2）划出凹、凸件加工线，锯削分料。

3）加工凸件，达到图样中的尺寸和角度要求。

4）划凹件各面加工位置线。

5）钻排孔去除余料，粗锉接近尺寸线。

6）锉削外形尺寸45±0.02mm和两侧面，并用凸件试配，达到要求。

7）以两侧为导向，以凸件为基准修锉20°角，达到配合间隙要求。

8）做转位试配、修配。

9）划线，钻孔、铰孔。

10）去毛刺，复检。

三、文明生产及注意事项

1）规范操作钻床，注意錾削时不可使用蛮力。

2）凸件尽量做成上极限偏差，保证平行和角度准确。锉配时，应先认向锉配，达到要求后再做转位锉配修整。

3）注意清角，各加工面锉削纹理方向应一致。

四、工、量、刃具清单(表 12-9)

表 12-9 工、量、刃具清单

名称	规格	精度(分度值)	数量	名称	规格	精度(分度值)	数量
高度游标卡尺	0~300mm	0.02mm	1	样冲			1
游标卡尺	0~150mm	0.02mm	1	锤子			
千分尺	25~50mm	0.01mm	1	金属直尺	0~150mm		1
	0~25mm	0.01mm	1	钻头	ϕ3mm、ϕ7.8mm		各 1
游标万能角度尺	0°~320°	2′	1		ϕ12mm		各 1
直角尺	80mm×50mm	一级	1	扁锉	250mm		1
钢錾			1		200mm		1
塞尺	0.02~1mm		1		150mm		1
塞规	ϕ8mm	H7	1	粗三角锉	150mm		1
手用铰刀	ϕ8mm	H7	1	细三角锉	150mm		1
锯弓			1	划针			1
锯条			若干	软钳口			1 副
铰杠			1	锉刀刷			1

五、零件图(图 12-5)

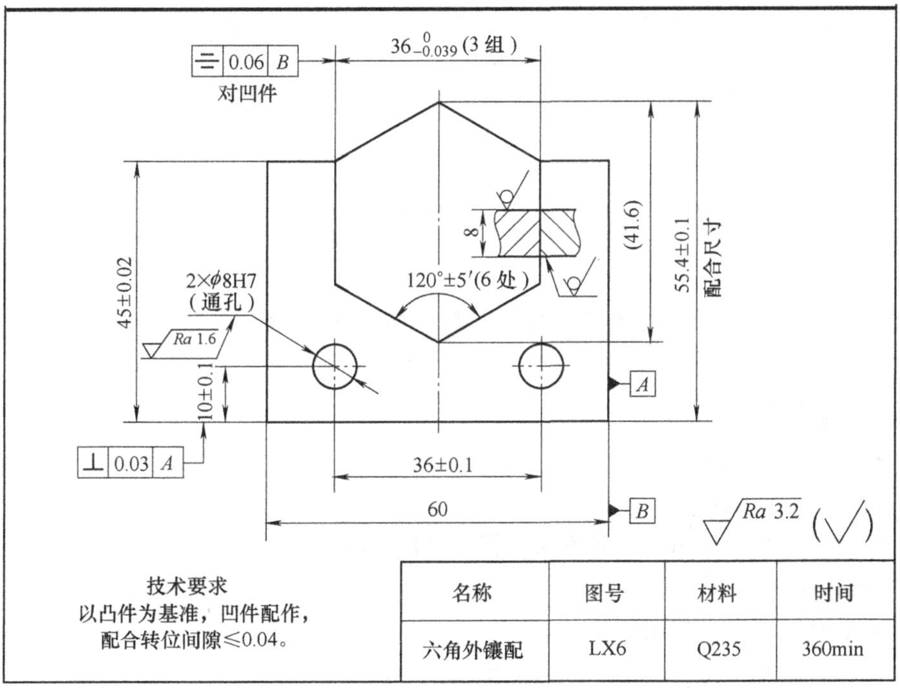

图 12-5 零件图

六、毛坯

尺寸：65mm×60mm×8mm。

数量：1 块。

七、参考等级

钳工中级。

八、评分标准(表 12-10)

表 12-10　六角外镶配的评分标准

项目	序号	考核要求	配分	量具	实测结果	得分
凸件	1	$36_{-0.039}^{0}$mm(3 组)	3×3	游标卡尺		
	2	120°±5′(6 处)	3×6	游标万能角度尺		
	3	*Ra*3.2μm(6 处)	1×6	目测		
凹件	4	45±0.02mm	3	游标卡尺		
	5	⊥ 0.03 *A*	3	刀口形直尺、塞尺		
	6	≡ 0.06 *B*	3	游标卡尺		
	7	*Ra*3.2μm(6 处)	1×6	目测		
	8	2×ϕ8H7	4	塞规		
	9	36±0.1mm	6	游标卡尺		
	10	10±0.1mm	2			
	11	*Ra*1.6μm(2 处)	4	目测		
配合	12	间隙≤0.04mm(24 面)	24	刀口形直尺、塞尺		
	13	55.4±0.1mm	12	游标卡尺		
其他	14	外观	毛刺、损伤、畸形扣 1~5 分			
	15	安全文明生产	违者视情节轻重扣 1~10 分			
备注						

姓名　　　　　　　工号　　　　　　　日期　　　　　　　教师　　　　　　　得分

课题六　变角配合

一、课题目标

1）提高平面锉削技能水平。

2）提高铰孔技能水平。

3）掌握较高要求转角的锉配方法，提高锉配技能。

二、操作步骤

1）检查坯料尺寸，修整划线基准。

2）划出凸件加工线，锯削、锉削加工凸件，达到图样中的尺寸和角度要求。

3）划出凹件加工线，加工凹件，并以凸件为基准试配、修整，达到配合要求。

4）做转位试配、修配。

5）划线，钻孔、铰孔。

6）去毛刺，复检。

三、文明生产及注意事项

1）锉削凸件45°角斜边时，应留修整余量，以便在锉削时修整。

2）外形基准的垂直度一定要保证，以便通过间接测量控制凸、凹件的90°角。

3）注意清角，各加工面锉削纹理方向应一致。

四、工、量、刃具清单(表12-11)

表12-11　工、量、刃具清单

名称	规格	精度(分度值)	数量	名称	规格	精度(分度值)	数量
高度游标卡尺	0~300mm	0.02mm	1	样冲			1
游标卡尺	0~150mm	0.02mm	1	锤子			
千分尺	25~50mm	0.01mm	1	金属直尺	0~150mm		1
	50~75mm	0.01mm	1	钻头	ϕ3mm、ϕ7.8mm		各1
游标万能角度尺	0°~320°	2′	1		ϕ12mm		各1
直角尺	80mm×50mm	一级	1	扁锉	250mm		1
塞尺	0.02~1mm		1		200mm		1
塞规	ϕ8mm	H7	1		150mm		1
手用铰刀	ϕ8mm	H7	1	粗三角锉	150mm		1
锯弓			1	细三角锉	150mm		1
锯条			若干	划针			1
铰杠			1	软钳口			1副
V形铁			1	锉刀刷			1
备注							

五、零件图(图12-6)

六、毛坯

尺寸：60.5mm×60.5mm×8mm。

数量：2块。

七、参考等级

钳工中级。

八、评分标准(表12-12)

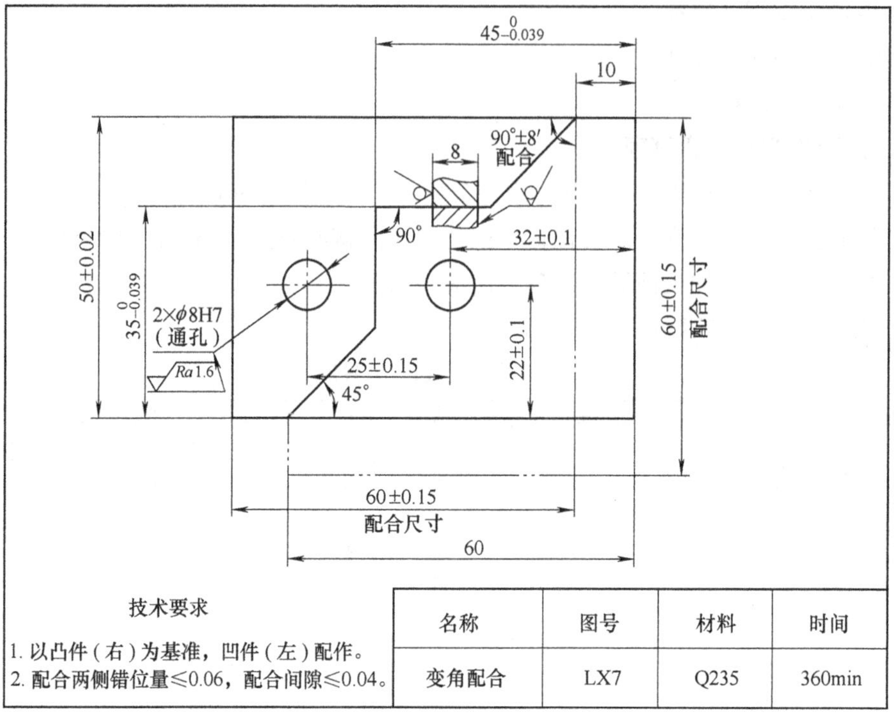

图 12-6　零件图

表 12-12　变角配合的评分标准

项目	序号	考核要求	配分	量具	实测结果	得分
凸件	1	$45_{-0.039}^{0}$mm	4	游标卡尺		
	2	50±0. 02mm	6			
	3	$35_{-0.039}^{0}$mm	6			
	4	*Ra*3. 2μm（6 处）	6	目测		
	5	ϕ8H7	2	塞规		
	6	32±0. 1mm	2	游标卡尺		
	7	22±0. 1mm	2			
	8	*Ra*1. 6μm	2	目测		
凹件	9	50±0. 02mm	4	游标卡尺		
	10	*Ra*3. 2μm（6 处）	6	目测		
	11	ϕ8H7	2	塞规		
	12	*Ra*1. 6μm	2	游标卡尺		
配合	13	间隙≤0. 04mm（8 面）	18	刀口形直尺、塞尺		
	14	错位量≤0. 06mm	5			
	15	60±0. 15mm（2 处）	16	游标卡尺		
	16	90°±8′	6	游标万能角度尺		
	17	25±0. 15mm	6	游标卡尺		
	18	孔距一致性≤0. 1mm	5			

（续）

项目	序号	考核要求	配分	量具	实测结果	得分
其他	19	外观	毛刺、损伤、畸形扣1~5分			
	20	安全文明生产	违者视情节轻重扣1~10分			
备注						

姓名　　　　　　工号　　　　　　日期　　　　　　教师　　　　　　得分

课题七　凹凸配合

一、课题目标

1）提高平面锉削技能水平和锯削技能水平。

2）提高铰孔、攻螺纹技能水平。

3）掌握盲配技能，学会对称工件的加工。

二、操作步骤

1）检查坯料尺寸，修整划线基准。

2）划线，钻工艺孔。

3）锯削、锉削加工凸件。先加工凸台一边，用间接测量的方法控制凸台位置。本处应根据60mm的实际尺寸将凸台控制在（$60\text{mm}/2+20_{-0.033}^{\ 0}\text{mm}/2$）的范围内，再加工凸台另一边，尺寸控制在$20_{-0.033}^{\ 0}$mm范围内。

4）钻排孔，去除余料。粗、精锉凹件，达到与凸件配合的精度要求。

5）钻孔、铰孔、攻螺纹。

6）锯削中缝。

7）去毛刺，复检。

三、文明生产及注意事项

1）凸件加工尽量准确，保证对称度，取上极限偏差。

2）凹件加工以凸件实际测量为依据，取下极限偏差。

3）注意清角，各加工面锉削纹理方向应一致。

四、工、量、刃具清单（表12-13）

表12-13　工、量、刃具清单

名称	规格	精度（分度值）	数量	名称	规格	精度（分度值）	数量
高度游标卡尺	0~300mm	0.02mm	1	样冲			1
游标卡尺	0~150mm	0.02mm	1	锤子			1
千分尺	0~25mm	0.01mm	1	划针			1
	50~75mm	0.01mm	1	钻头	ϕ3mm、ϕ7.8mm		各1
直角尺	80mm×50mm	一级	1		ϕ8.5mm ϕ12mm		各1

（续）

名称	规格	精度（分度值）	数量	名称	规格	精度（分度值）	数量
丝锥	M10	H7	1 副	扁锉	250mm		1
塞规	ϕ8mm	H7	1		200mm		1
手用铰刀	ϕ8mm	H7	1		150mm		1
螺纹塞规	M10	H7		粗三角锉	150mm		1
锯弓			1	细三角锉	150mm		1
锯条			若干	整形锉			1 套
铰杠			1	金属直尺	0~150mm		1
V 形铁			1	软钳口			1 副
錾子			1	锉刀刷			1

五、零件图（图 12-7）

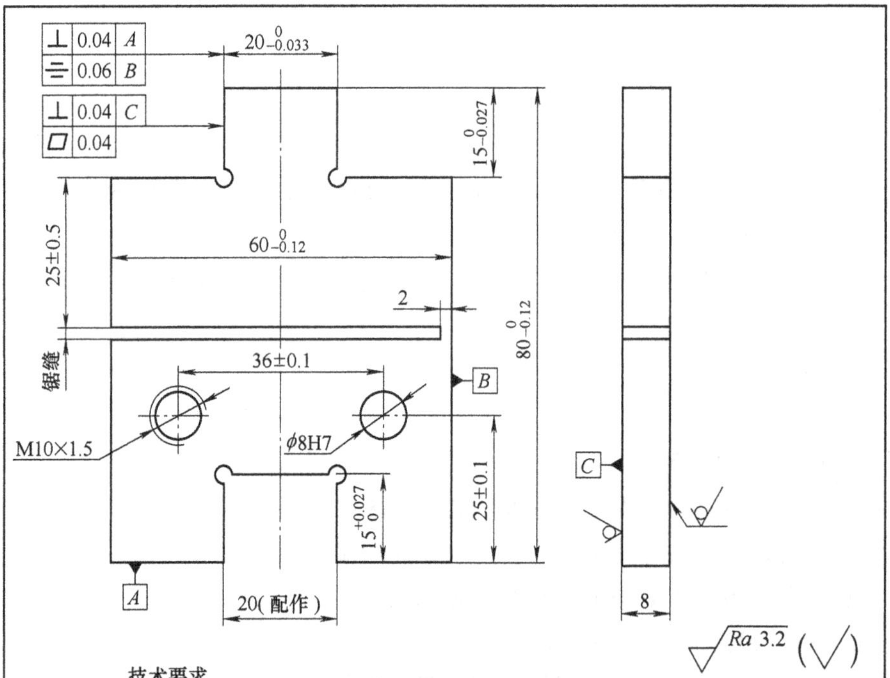

技术要求

1. 以凸件（下）为基准，凹件（上）配作。
2. 配合两侧错位量≤0.06，配合间隙≤0.05。

名称	图号	材料	时间
凹凸配合	LX8	Q235	360min

图 12-7　零件图

六、毛坯

尺寸：80.5mm×60.5mm×8mm。

数量：1块。

七、参考等级

钳工中级。

八、评分标准（表12-14）

表12-14 凹凸配合件的评分标准

项目	序号	考核要求	配分	量具	实测结果	得分
凸件	1	$20_{-0.033}^{0}$mm	6	游标卡尺		
	2	$60_{-0.12}^{0}$mm	4			
	3	$15_{-0.027}^{0}$mm	6			
	4	⊥ 0.04 A	4×2	刀口形直尺、塞尺		
	5	▱ 0.04	4			
	6	≡ 0.06 B	4×2	游标卡尺		
	7	⊥ 0.04 C	4	刀口角尺、塞尺		
	8	25±0.5mm	2	游标卡尺		
凹件	9	M10×1.5	5	螺纹塞规		
	10	ϕ8H7	5	塞规		
	11	$15_{0}^{+0.027}$mm	6	游标卡尺		
	12	25±0.1mm	2			
	13	36±0.1mm	2			
	14	Ra3.2μm（2处）	2	目测		
配合	15	间隙≤0.05mm（10处）	20	刀口形直尺、塞尺		
	16	错位量≤0.06mm	4			
	17	$80_{-0.012}^{0}$mm	6	游标卡尺		
	18	Ra3.2μm（12处）	6	目测		
其他	19	外观	毛刺、损伤、畸形扣1~5分			
	20	安全文明生产	违者视情节轻重扣1~10分			
备注						

姓名　　　　工号　　　　日期　　　　教师　　　　得分

课题八　燕尾配合

一、课题目标

1）提高锉削、锯削、铰孔技能水平。

2）掌握燕尾锉配技能。

3）学会对称工件的加工，学会用间接测量法控制对称度。

二、操作步骤

1）检查坯料尺寸，修整划线基准。

2）划线，锯削分料，钻工艺孔。

3）加工燕尾凸件。锯削、锉削燕尾一侧60°角，用圆柱间接测量的方法控制燕尾位置。本处应根据60mm的实际尺寸，将燕尾控制在[60mm/2+(24±0.065)mm/2]的范围内。锯削、锉削燕尾另一侧60°角，用两圆柱测量控制尺寸24±0.065mm，达到图样要求。

4）钻排孔，去除余料。粗锉燕尾凹件，接近尺寸线。

5）以燕尾凸件为基准，按要求进行锉配。

6）钻孔、铰孔。

7）去毛刺，复检。

三、文明生产及注意事项

1）凸件加工尽量准确，保证对称度，取上极限偏差。

2）凹件加工以凸件为基准，达到配合与互换要求。

3）注意清角，各加工面锉削纹理方向应一致。

四、工、量、刃具清单(表12-15)

表12-15　工、量、刃具清单

名称	规格	精度(分度值)	数量	名称	规格	精度(分度值)	数量
高度游标卡尺	0~300mm	0.02mm	1	样冲			1
游标卡尺	0~150mm	0.02mm	1	锤子			1
千分尺	0~25mm	0.01mm	1	划针			1
	50~75mm	0.01mm	1	钻头	ϕ3mm、ϕ7.8mm		各1
直角尺	80mm×50mm	一级	1		ϕ12mm		1
塞规	ϕ8mm	H7	1	扁锉	250mm		1
塞尺	0.02~1mm		1		200mm		1
手用铰刀	ϕ8mm	H7	1		150mm		1
芯棒	ϕ10mm		2	粗三角锉	150mm		1
锯弓			1	细三角锉	150mm		1
锯条			若干	整形锉			1套
铰杠			1	金属直尺	0~150mm		1
V形铁			1	软钳口			1副
錾子			1	锉刀刷			1

五、零件图(图12-8)

六、毛坯

尺寸：60mm×94mm×10mm。

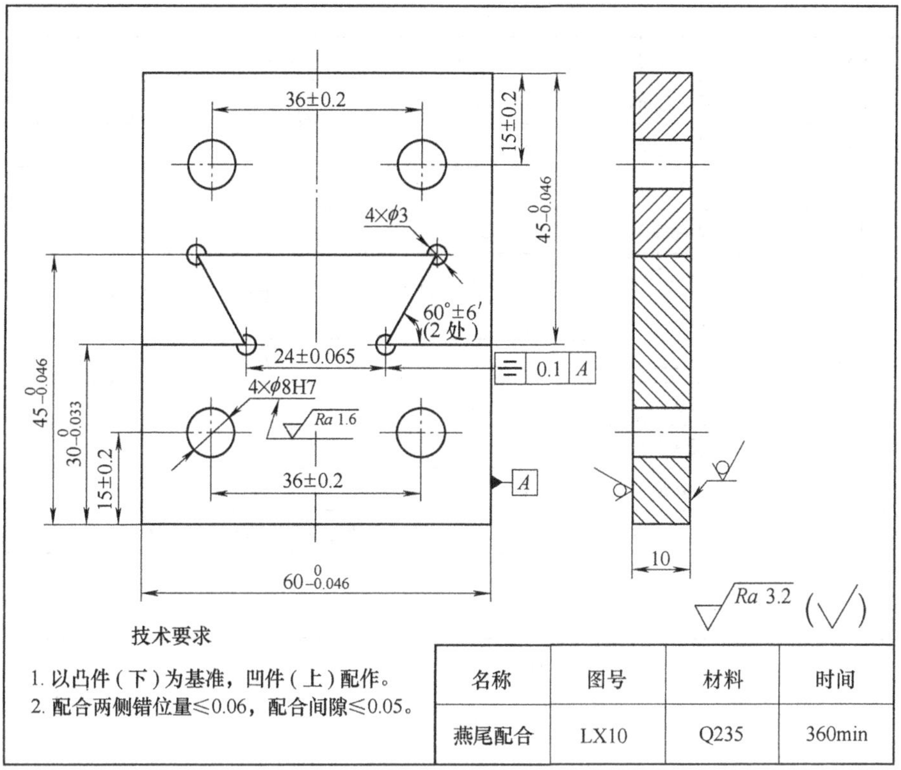

图 12-8 零件图

数量：1 块。

七、参考等级

钳工中级。

八、评分标准(表 12-16)

表 12-16 燕尾配合件的评分标准

项目	序号	考核要求	配分	量具	实测结果	得分
凸件	1	$45_{-0.046}^{\ 0}$mm	6	游标卡尺		
	2	60°±6′(2 处)	2×4	游标万能角度尺		
	3	$30_{-0.033}^{\ 0}$mm	6	游标卡尺		
	4	$60_{-0.046}^{\ 0}$mm	6			
	5	24±0.065mm	6			
	6	⌯ 0.1 A	5			
	7	*Ra*3.2μm	6	目测		
	8	2×ϕ8H7	2×2	塞规		
	9	36±0.2mm	1	游标卡尺		
	10	15±0.2mm	1			
	11	*Ra*1.6μm	2	目测		

（续）

项目	序号	考核要求	配分	量具	实测结果	得分
凹件	12	$45_{-0.046}^{0}$mm	6	游标卡尺		
	13	$60_{-0.046}^{0}$mm	6			
	14	*Ra*3.2μm	6	目测		
	15	2×ϕ8H7	2×2	塞规		
	16	36±0.2mm	1	游标卡尺		
	17	15±0.2mm	1			
	18	*Ra*1.6μm	2	目测		
配合	19	间隙≤0.05mm（5面）	18	塞尺		
	20	错位量≤0.06mm	5			
其他	21	外观	毛刺、损伤、畸形扣1~5分			
	22	安全文明生产	违者视情节轻重扣1~10分			
备注						

姓名　　　　工号　　　　日期　　　　教师　　　　得分

附　　录

附录A　工具钳工理论试题及标准答案

初级工具钳工理论试题(一)

一、填空题

1. 公称尺寸相同，相互结合的孔和轴公差带之间的关系，称为________________。

2. 表面粗糙度符号“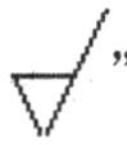”表示用________________方法获得的表面。

3. 主切削刃在基面上的投影，与进给运动方向间的夹角是________________。

4. 合金钢的牌号采用碳含量、合金元素的种类及含量和________________级别来编号。

5. 常用的非铁金属有铜及其合金、铝及其合金、钛及其合金和________________。

6. 划线时，常用的涂料有三种：白灰水、硫酸铜溶液和________________。

7. 划线基准主要有尺寸基准和________________。

8. 借助铆钉形成的不可拆连接称为________________。

9. 粘接工艺中的重要环节是________________。

10. 车成形面有联合进给法和________________法。

二、选择题

11. 在机械制图中广泛应用的是(　　)投影。

A. 中心　　B. 斜　　C. 正　　D. 中心和斜

12. 螺纹千分尺用于测量螺纹的(　　)。

A. 大径　　B. 中径　　C. 小径　　D. 升角

13. 互换性的零件应是(　　)。

A. 相同规格的零件　　B. 不同规格的零件

C. 相互配合的零件　　D. 不配合的零件

14. 效率较低的运动副接触形式是(　　)接触。

A. 齿轮　　B. 凸齿轮　　C. 螺旋　　D. 滚动轮

15. 普通螺纹的牙型角是(　　)。

A. 50°　　B. 55°　　C. 60°　　D. 65°

16. 液压系统的执行元件是(　　)。

A. 电动机　　B. 液压泵

C. 液压缸或液压马达　　D. 液压阀

17. 要钢的组织改变，表面化学成分也改变，需通过(　　)热处理。

A. 回火　　B. 淬火　　C. 正火　　D. 化学

18. 对毛坯借料划线在(　　)有重要意义。

A. 生产经济性方面　　B. 加工设备方面

C. 加工场地方面　　D. 生产率方面

19. 在用扁锉锉削工件的平面时锉刀的运动为(　　)。

A. 向前的直线运动　　B. 在水平面内

C. 在同一平面内　　D. 上下摆动

20. 板厚相差较大的铆接，计算铆钉直径时板厚取(　　)。

A. 其中较薄钢板的厚度　　B. 其中较厚钢板的厚度

C. 钢板的平均厚度　　D. 其中一块钢板的厚度

21. 扁钻的导向性(　　)，定心不好，只用在特殊情况下。

A. 差　　B. 比较好　　C. 很好　　D. 时好时坏

22. 当麻花钻的顶角变小时，则(　　)。

A. 进给力减小且转矩增大　　B. 进给力和转矩都减小

C. 进给力增大且转矩减小　　D. 进给力和转矩都增大

23. 工件钻孔后孔径大于规定尺寸，可能是由(　　)引起的。

A. 转速较低　　B. 钻头摆动　　C. 进给量较小　　D. 钻头顶角较小

24. 锪孔时的切削速度为钻孔的(　　)。

A. 1/4~1/3　　B. 1/3~1/2　　C. 1/2~3/4　　D. 3/4~1

25. 在套螺纹时若圆杆倒角形状不准确，可能出现(　　)的情况。

A. 螺纹大径变大　　B. 螺距减小

C. 牙型一边深一边浅　　D. 牙型瘦

26. 台虎钳上用的丝杠一般常为(　　)螺纹。

A. 三角形　　B. 梯形　　C. 矩形　　D. 锯齿形

27. 在分度头的传动系统中，蜗杆是(　　)的。

A. 单线　　B. 双线　　C. 三线　　D. 四线

28. 使用固定式钻模在工件的一个表面上钻出多个孔，应选用(　　)。

A. 台式钻床　　B. 主式钻床　　C. 摇臂钻床　　D. 手电钻

29. 在装配前应熟悉产品的(　　)、工艺文件、技术要求、了解产品的结构、零件的作用及连接关系等内容。

A. 零件图　　B. 装配图　　C. 轴测图　　D. 加工设备

30. 在钻模板上安装钻套时应注意其下端面与工件间的距离尺寸，其大小依孔的加工精度而定，一般是孔精度越高则其取值(　　)。

A. 越小　　B. 越大　　C. 取一固定值　D. 任意大小

三、判断题

(　　)31. 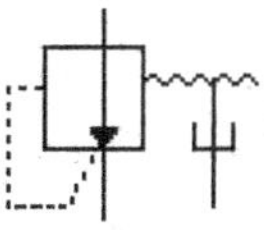图形符号是溢流阀。

(　　)32. 传动比就是主动齿轮的转速与从动齿轮的转速之比。

(　　)33. 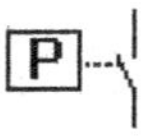是常开触点压力继电器符号。

(　　)34. 不锈钢中的含碳量越高，其耐蚀性越好。

(　　)35. 应用氧乙炔火焰对零件表面进行加热，随之快速冷却的工艺，是感应淬火。

(　　)36. 锯齿的粗细以锯条每 20mm 长度内的齿数来表示。

(　　)37. 盘簧常用作车辆减振弹簧。

(　　)38. 研磨时压力过大，会使研磨平面呈凸形。

(　　)39. 使用砂轮机时，操作者应站在砂轮机对面。

(　　)40. 电磨头用于在工、夹、模具的装配调整过程中，对各种简单工件进行修磨或抛光。

四、简答题

41. 简述分度值为 2′的游标万能角度尺的刻线原理。

42. 立式钻床的传动系统分为哪几部分？

五、计算题

43. 在一个 220V 的电路中装有 60W 的电灯 2 盏、40W 的电灯 5 盏和 300W 的电热器一具。问这个电路中熔体的额定电流是多少？

44. 若三相电源线电压为 380V，当人体两相和单相触电时，试计算人体承受的电压值。

标 准 答 案

一、填空题

1. 配合	2. 去除材料	3. 主偏角	4. 质量	5. 轴承合金
6. 品紫	7. 校正基准	8. 铆接	9. 调胶	10. 用样板刀

二、选择题

11. C	12. B	13. A	14. C	15. C	16. C
17. D	18. A	19. C	20. A	21. A	22. A
23. B	24. B	25. C	26. C	27. A	28. C
29. B	30. A				

三、判断题

31. ×	32. √	33. √	34. ×	35. ×
36. ×	37. ×	38. √	39. ×	40. ×

四、简答题

41. 答：游标万能角度尺的主尺刻线每格 1°。游标尺刻线是将主尺上 29°所占的弧长等分为 30 格，每格所对的角度为 29°/30，因此游标尺 1 格与主尺 1 格相差 2′，即游标万能角度尺的分度值为 2′。

42. 答：分为三部分：

① 主运动系统：使主轴以不同转速旋转。

② 进给传动系统：在主轴回转的同时使刀具得到不同的进给移动。

③ 辅助运动：手动进给箱的移动和工作台升降。

五、计算题

43. 解：该电路的额定功率为 $P_N=(60\times2+40\times5+300\times1)\text{W}=620\text{W}$

额定电流为 $I_N=620\text{A}/220=2.8\text{A}$

44. 解：人体两相触电时，承受线电压，即电压为 380V；单相触电时，承受相电压，即电压为 220V。

初级工具钳工理论试题(二)

一、填空题

1. 百分表可以用来检验机床精度，测量工件的尺寸、形状和________误差。

2. 零件的表面粗糙度要求必须给出粗糙度________和测定时的取样长度值两项基本要求。

3. 两构件之间以点或线接触的运动副是________副。

4. 车刀按结构的不同可以分为整体式、焊接式和________。

5. 仅对工件表面进行淬火的工艺，称为________。

6. 利用划针盘、角尺等工具，使零件上的表面和有关毛坯表面均能处于合适的位置是________。

7. 常见錾子的损坏形式有切削刃崩口和________。

8. 锪钻的种类有柱形锪钻、锥形锪钻和________锪钻。

9. 研磨的加工原理是磨料通过________对工件进行微量切削。

10. Z535 立式钻床的最大钻孔直径为________mm。

二、选择题

11. 不平行于任何基本投影面的剖切平面，剖开机件的方法是(　　)。

A. 全剖　B. 半剖　C. 旋转剖　D. 斜剖

12. 上极限尺寸(　　)公称尺寸。

A. 大于　B. 小于　C. 等于　D. 大于、小于或等于

13. 齿轮传动的特点有(　　)。

A. 传递功率和速度范围较大　B. 利用摩擦力传动

C. 传动效率低　D. 制造安装要求低

14. 液压系统的动力元件是(　　)。

A. 电动机　B. 液压泵

C. 液压缸或液压马达　D. 液压阀

15. 驱动液压泵的电动机，所需功率比液压泵的输出功率(　　)。

A. 大　B. 小　C. 相等　D. 大或小

16. 制造车刀时，应选用(　　)。

A. 合金渗碳钢　B. 合金调质钢　C. 合金刀具钢　D. 合金量具钢

17. 白灰水常用于(　　)的划线。

A. 一般铸件毛坯　B. 重要铸件毛坯　C. 半成品　D. 成品件

18. 在用直接翻转零件划线法进行立体划线时，尽量做到(　　)工件的翻转次数。

A. 增加　B. 减少　C. 逐渐增多　D. 增多或减少

19. 在錾削平面时手握錾子的倾斜角度(　　)。

A. 随錾削而减小　B. 不变　C. 随錾削增大　D. 随錾削增大或减小

20. 一般在錾削平面快到尽头时(　　)。

A. 一直錾下去直到尽头　　B. 留屑不錾

C. 采取调头錾完　　D. 用锉刀锉掉

21. 铆接汽车制动片时应采用(　　)。

A. 钢制铆钉　　B. 纯铜铆钉　　C. 铝制铆钉　　D. 任一材料制成的铆钉

22. 502 粘合剂的强度高，速度快且(　　)使用。

A. 在室温下即可　　B. 在较高温度下即可

C. 在高温下即可　　D. 在低温下即可

23. 在手工矫正工具中螺旋压力机适合于矫正(　　)。

A. 薄板料　　B. 大型件　　C. 直径较小的棒料　　D. 线材

24. 材料在弯曲时中性层一般处于(　　)位置。

A. 中央或偏向外层　　B. 中央

C. 中央或偏向里层　　D. 里层

25. 当标准麻花钻主后角磨得较大时，(　　)。

A. 横刃变长　　B. 横刃变短　　C. 横刃长度不变　　D. 副后角变大

26. 使用 ϕ16. 5mm 钻头在 Z525 型立式钻床上钻孔，应选用(　　)钻头套。

A. 一号　　B. 二号　　C. 三号　　D. 四号

27. 在机铰孔结束时应(　　)。

A. 先把铰刀从孔中退出后再停车　　B. 先停车后再把铰刀从孔中退出来

C. 采用倒转退刀　　D. 正、反转都可退刀

28. 在攻螺纹中，若工件材料为(　　)时，底孔直径等于螺纹小径。

A. 青铜　　B. 低碳钢　　C. 铝板　　D. 合金钢

29. 在钳台上安装台虎钳时，应使固定钳口面(　　)钳台边缘。

A. 稍缩进　　B. 稍伸出　　C. 缩进和平齐　　D. 平齐

30. 普通车床总装配后检验主轴，轴线与床身导轨的平行度属于(　　)。

A. 几何精度　　B. 工作精度　　C. 尺寸精度　　D. 形状精度

三、判断题

(　　)31. 当在装配图的上方注明“拆去”的字样时，表示此装配图是拆去了所注的零件画出的。

(　　)32. 相互配合的孔和轴，其公称尺寸必须相等。

(　　)33. 链传动能保证准确、均匀的传动比，传动效率较高。

(　　)34. 调质后钢的组织是回火索氏体。

(　　)35. 标准麻花钻，在切削刃各点上，前角和后角完全一样。

(　　)36. 翻转式钻模用于加工小型工件不同方向的孔。

(　　)37. 套螺纹前，圆杆直径按 $D=d-0.13p$ 公式计算。

(　　)38. 快换式攻螺纹夹头可以不停车调换各种不同规格的丝锥。

(　　)39. 攻螺纹时，螺纹产生乱牙的原因是螺纹底孔直径太小，丝锥攻不进，丝锥磨钝。

(　　)40. 带锯机的结构和木工带锯机的结构完全相同。

四、简答题

41. 钢的化学热处理有哪几种，有何特点？

42. 钻通孔快要钻透时应注意什么？

五、计算题

43. 在开口式平带传动中，主动轮直径 $D_1=200\text{mm}$，要求传动比 $i_{12}=2.5$，传动的中心距 $a=1500\text{mm}$。

试计算：(1)验算带轮包角是否满足要求。(2)带的计算长度为多少？

44. 用分度头对工件端面进行26等分。

试用简单分度法确定每等分后分度手柄的转数 $n_{手}$。（分度盘上孔圈的孔数为24、25、28、30、34、37、38、39、41、42、43）

标准答案

一、填空题

1. 位置　2. 参数值　3. 高　4. 机械夹固式　5. 表面淬火
6. 找正　7. 卷边　8. 端面　9. 研具　10. 35

二、选择题

11. D　12. D　13. A　14. B　15. A　16. C　17. A
18. B　19. B　20. C　21. B　22. A　23. C　24. C
25. A　26. B　27. A　28. A　29. B　30. A

三、判断题

31. √　32. √　33. √　34. √　35. ×
36. √　37. √　38. √　39. √　40. ×

四、简答题

41. 答：钢的化学热处理有渗碳、渗氮和渗硼等。其特点是改变元件表面的化学成分，从而提高表面硬度和耐磨性等。

42. 答：当孔快钻透时，必须减小进给量，一般改为手动进给。否则会因进给力突然减小，机构弹性变形的恢复而使工件随之转动，出现事故。

五、计算题

43. 解：(1) $\because i_{12}=n_1/n_2=D_2/D_1$

$\therefore D_2=iD_1=500\text{mm}$

$\because \alpha=180°-60°(D_2-D_1)/a$

$=180°-(500-200)\times60°/1500$

$=168°$

$\therefore \alpha=168°>120°$故合格

(2) $\because L=2a+\pi(D_2+D_1)/2+(D_2-D_1)^2/(4a)$

$\therefore L=2\times1500+3.14\times(500+200)/2+(500-200)^2/(4\times1500)$

$=4114(\text{mm})$

44. 解：由公式

$n_{手}=40/Z$

$=40/26$

$=1\dfrac{7}{13}$

$=1\dfrac{21}{39}$

答：每等分后，分度手柄在 39 孔的孔圈上转过一周后再转过 21 个孔距即可。

初级工具钳工理论试题(三)

一、填空题

1. 游标万能角度尺是用来测量工件________角度的量具。

2. 每次用内径百分表测量前，都必须用________校正尺寸。

3. 前刀面与基面之间的夹角称为________。

4. 把淬火及高温回火的复合热处理工艺称为________。

5. 条状板料扭曲变形时，可用________的方法矫直。

6. 弹簧按外形可以分为螺旋弹簧、板弹簧、盘簧、碟形弹簧和________弹簧。

7. 台虎钳的规格以________的宽度来表示。

8. 在工具制造业中，单件小批量生产通常采用________分度头。

9. 用同一工具，不改变工作方法，并在固定的位置上连续地完成的那部分装配工作，称为________。

10. 电动葫芦按用途可分为通用和________两种。

二、选择题

11. 俯视图与左视图之间规律是(　　)。

A. 长对正　　B. 高平齐　　C. 宽相等　　D. 长对高

12. 用游标卡尺的测量爪外侧测量工件的尺寸时，被测量的实际尺寸为游标卡尺读数值(　　)外　测量爪厚度尺寸。

A. 乘以　　B. 除以　　C. 加上　　D. 减去

13. 几何公差框内加注“Ⓜ”时，表示该要素遵守(　　)原则。

A. 独立　　B. 独立或相关　　C. 包容　　D. 最大实体

14. 螺纹的公称直径是螺纹的(　　)。

A. 小径　　B. 中径　　C. 大径　　D. 分度圆直径

15. 液压传动的特点(　　)。

A. 不能与其他传动方式联用　　B. 速度、转矩、功率均可做无级调节

C. 传动效率高　　D. 不能实现系统过载保护

16. 溢流阀的图形符号是(　　)。

A. 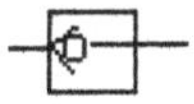

B. 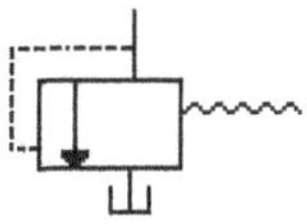

C. 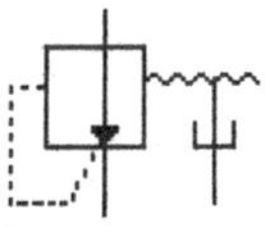

D. 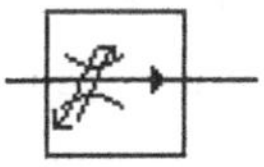

17. 加工同心圆圆周上平行孔系或分布在几个不同表面上的径向孔时，应采用(　　)

式钻床夹具。

A. 固定　B. 回转　C. 移动　D. 翻转

18. 感应淬火适用(　　)生产。

A. 单件　B. 小批量　C. 成批量　D. 大批量

19. 硫酸铜溶液是由水与硫酸铜的溶液再加入少许的(　　)制成的。

A. 普鲁士蓝　B. 桃胶　C. 火碱　D. 食盐

20. 在平台上划线时用来找正工件位置的工具是(　　)。

A. V 形铁　B. 样冲　C. 直角尺　D. 曲线板

21. 当锯条装反时，锯削的前角为(　　)，效率低。

A. 0°　B. 40°　C. 50°　D. -50°

22. 当手握錾子的倾斜度忽大忽小时，则(　　)。

A. 易顺利錾削　B. 打飞　C. 扎入不动　D. 扎入或打飞

23. 用芯棒盘弹簧时，芯棒的直径(　　)弹簧内径。

A. 小于　B. 等于　C. 等于或大于　D. 大于

24. 在轴类零件上钻径向孔时可(　　)支承。

A. 放在工作台上　B. 用 V 形块　C. 千斤顶　D. 用 C 形夹

25. 圆柱形锪钻用于锪(　　)

A. 圆柱埋头孔　B. 孔凸台平面　C. 圆锥埋头孔　D. 扁孔

26. 在铰孔时若使用煤油冷却润滑，(　　)。

A. 易使孔径扩大　B. 易使孔径缩小

C. 会使孔成锥形　D. 会使孔与端面不垂直

27. 套螺纹前圆杆直径应(　　)螺纹大径。

A. 稍小于　B. 等于　C. 稍大于　D. 小于和大于

28. 横入式斜口剪床适合于剪切(　　)。

A. 窄而厚的板料　B. 宽而厚的板料

C. 宽而薄的板料　D. 剪缝长度受限制的板料

29. 在不易搬动的件上或大件上钻小孔时可用(　　)。

A. 台式钻床　B. 立式钻床　C. 摇臂钻床　D. 手电钻

30. 当钻套压装到钻模孔中后，应保证钻套孔中心线到(　　)的尺寸和位置精度要求。

A. 夹具体的上表面　B. 非基准面

C. 非加工面　D. 夹具的定位基准面

三、判断题

(　　)31. 模数是没有单位的。

(　　)32. 摩擦轮传动比中，摩擦轮速与直径成正比。

(　　)33. 在分度圆半径不变的条件下，压力角小于 20°时，基圆半径越大，齿顶越宽。

(　　)34. 在毛坯零件上划线时，为了给加工表面留有足够的加工余量，必须选择面积最大的加工表面作为校正基准。

(　　)35. 锯条的长度是以两端安装孔之间的中心距确定的。

(　　)36. 工具钳工常用的铆接方法为热铆。

(　　)37. 液态研磨剂通常由研磨粉、硬脂酸以及航空油等配制而成。

(　　)38. 要经常检查立式钻床润滑系统的供油情况。

(　　)39. 用带锯机修磨焊缝前，先修整砂轮后修磨焊缝。

(　　)40. 拉深模的凸凹模的间隙等于其型面直径之差。

四、简答题

41. 搭压板钻孔时应注意哪几点？

42. 在车削加工中，装夹工件的一般方法有哪几种？

五、计算题

43. 孔 $\phi30^{+0.033}_{0}$mm 与轴 $\phi30^{-0.020}_{-0.041}$mm 配合是间隙配合。求最大、最小间隙并画出配合的孔、轴公差带图。

44. 用一 $\phi10$mm 钻头钻孔，进给量为 0.02mm/r，当钻至 40mm 深时，用时 0.5min，求钻孔的切削速度。

标准答案

一、填空题

1. 内外	2. 千分尺	3. 前角	4. 调质	5. 扭转
6. 环形	7. 钳口	8. 万能	9. 工步	10. 专用

二、选择题

11. C	12. C	13. D	14. C	15. B
16. B	17. B	18. D	19. B	20. C
21. D	22. D	23. A	24. B	25. A
26. B	27. A	28. C	29. D	30. D

三、判断题

31. ×	32. ×	33. √	34. ×	35. √
36. ×	37. √	38. √	39. √	40. ×

四、简答题

41. 答：（1）螺栓应尽量靠近工件。
（2）垫铁应比工件的压紧面稍高。
（3）垫铁应尽量靠近工件。
（4）在精加工的表面上应垫铜皮。

42. 答：有①卡盘自定心、单动；②顶尖及鸡心夹头；③中心架与跟刀架；④心轴与弹簧卡头；⑤花盘。

五、计算题

43. 解：$X_{max}=ES-ei$

$=+0.033mm-(-0.041)mm$

$=+0.074mm$

$X_{max}=EI-es$

$=0mm-(-0.020)mm$

$=+0.020mm$

图略

44. 解：∵ 进给量 $\delta=0.02mm/r$，深度为 40mm，

∴ 要转过$\dfrac{40}{0.02}r=2000r$

又∵ 用时 0.5min，钻头转速 $n=\dfrac{2000}{0.5}r/min=4000r/min$

∴ $v=\dfrac{\pi Dn}{1000}=\dfrac{3.14\times10\times4000}{1000}m/min=125.6m/min$

答：钻孔的切削速度为 125.6m/min。

中级工具钳工理论试题(一)

一、填空题

1. 在平行于花键轴的投影面的视图中，外花键的大径用______________绘制。

2. 棕刚玉类磨料的抗拉强度大，韧性较好，适用于磨削____________可锻铸铁等材料。

3. 根据工件的加工要求，实际消除的自由度数少于应消除的自由度数，称为________。

4. 用止端螺纹环规检查工件外螺纹的单一______。

5. 公法线千分尺用于测量模数大于 0.5mm 的外啮合______________齿轮的公法线长度。

6. 板状凸轮可以相对机架做往复直线运动，因此多用于________________机械中。

7. 凸轮转动时，从动件的最大位移称为________。

8. 汽油常用来清洗__________零件上的油脂、污垢等。

9. 锁口是锻模的________基准，可防止上、下模工作时模槽合口产生偏移。

10. 在一定的生产条件下，规定生产一件产品或完成一道工序所消耗的时间为______定额。

二、选择题

11. 几何公差的基准符号由基准代号、方格、连线和字母组成。其中基准代号为一(　　)的短划。

A. 加粗的(约 2b)　　B. 加粗(约 1.5b)　　C. 普通粗实线　　D. 普通细实线

12. 切削用量是指(　　)的总称。

A. 背吃刀量，进给量，切削速度　　B. 背吃刀量，进给速度，切削速度

C. 进给量，切削速度，切削宽度　　D. 切削宽度，进给速度，切削速度

13. 对直径小于 ϕ15mm 的钻头，外缘处的后角应刃磨成(　　)。

A. 3°~5°　　B. 5°~8°　　C. 10°~14°　　D. 15°~18°

14. 在工艺尺寸链中，能人为地控制或直接获得的尺寸称为(　　)。

A. 组成环　　B. 增环　　C. 减环　　D. 封闭环

15. 自锁性能最好的夹紧机构是(　　)夹紧机构。

A. 斜楔　　B. 偏心　　C. 螺旋　　D. 铰链

16. 车床上的花盘属于(　　)夹具。

A. 专用　　B. 组合　　C. 通用　　D. 可调

17. 液压传动的工作原理是以油液作为工作介质，依靠密封容积的变化来传递(　　)。

A. 运动　　B. 动力　　C. 功率　　D. 能量

18. 对于一些复杂的箱体工件，为提高划线精度和效率，有条件时可使用(　　)。

A. 划针与直角尺　　B. 划针盘　　C. 高度游标卡尺　　D. 三坐标划线机

19. Z535 型立式钻床进给系统的末端转动是经(　　)使主轴向下移动进给的。

A. 螺旋副　B. 齿轮与齿条套筒　C. 齿轮与齿轮　D. 钢球离合器

20. 深度千分尺可用来测量(　　)。

A. 孔的直径和深度　B. 槽口的宽度和深度

C. 孔槽的深度　D. 孔槽的表面粗糙度值

21. 不得用角度量块接触粗糙零件表面，(　　)。

A. 以免擦伤其工作面　B. 以免擦伤其他表面

C. 以防产生变形　D. 以防摩擦生热

22. 螺纹的测量方法有两种：单项测量法和综合测量法，(　　)是综合量法所用的量具。

A. 螺纹千分尺　B. 螺纹环规　C. 百分表　D. 千分尺

23. 用止端螺纹环规检验工件时，拧入的牙数最多不能超过(　　)。

A. 1.5 个　B. 2.5 个　C. 3.5 个　D. 4.5 个

24. 齿厚游标卡尺的两个主尺位置是(　　)。

A. 平行的　B. 垂直的　C. 铰接的　D. 成 60°角

25. 样板标记的钢印深度以(　　)为准。

A. 0.1mm　B. 0.2mm　C. 0.3mm　D. 目测清晰

26. 用碟形砂轮的平面磨削铰刀的前刀面，当前角 $\gamma=0°$时，调整砂轮与铰刀的相对位置时，砂轮的端面须(　　)。

A. 通过铰刀中心　B. 高于铰刀中心

C. 低于铰刀中心　D. 和铰刀轴线相交

27. 尖齿铣刀在切削过程中，多数是(　　)。

A. 刀齿的后刀面发生磨损，故刃磨时只是刃磨后刀面即可

B. 刀齿的前刀面发生磨损，故刃磨时只是刃磨前刀面即可

C. 前、后刀面同时磨损，须同时刃磨前、后刀面

D. 切削刃倒棱磨损时，只刃磨倒棱即可

28. (　　)齿铣刀切削刃是逐渐切入和脱离工件的，所以切削较平稳，工件加工完成后，表面粗糙度值较小。

A. 螺旋　B. 直　C. 镶　D. 端

29. 不平衡旋转件工作中产生附加力偶矩的情况称为(　　)。

A. 静不平衡　B. 动不平衡

C. 平衡　D. 静不平衡或动不平衡

30. 齿轮传动一般要有适当的侧隙，作用是(　　)。

A. 防止产生振动　B. 保证传动精度

C. 防止受热卡住　D. 使中心距变小

三、判断题

(　　)31. 在切削用量中，对刀具寿命影响最大的因素是背吃刀量，其次是进给量，

影响最小的是切削速度。

(　　)32. 箱体工件的垂线可利用角铁或直角尺一次划出，以减少工件的翻转次数。

(　　)33. 测量时环境温度未保持20℃而引起的测量误差称为系统误差。

(　　)34. 由于抛物线齿背加工比较复杂，所以无法在铣床上加工。

(　　)35. 按齿轮加工原理的不同，齿轮刀具可分为成形法齿轮刀具和包络法齿轮刀具。

(　　)36. 在工装中应用十分广泛的销联接的特点，是联接可靠，安装、拆卸方便。

(　　)37. 当链条节数为偶数时，固定活动销的弹簧片开口方向必须与链的运动方向相同。

(　　)38. 工具钳工加工钻模板的方法有精密划线加工法和量套找正加工法两种。

(　　)39. 对于凹模装在下模座上的导柱模，模具的固定部分是装配时的基准部件，因此应先行装配。

(　　)40. 制造圆板牙过程中的关键工序是刃磨前刀面。

四、简答题

41. 一般液压传动系统由哪四部分组成？各部分的功用是什么？

42. 为什么光学合象水平仪比框式水平仪测量范围大、精度高？

五、计算题

43. 用冲模在材料为30钢、厚度为3mm的钢板上冲ϕ100mm的圆孔，试求其所用的冲载力P。(30钢的抗拉强度$R_m=490N/mm^2$)

44. 有一个工件需要在表面2/3的圆周上均匀分布钻9个孔，试求每划完一个孔的中心时，分度头手柄应该转过多少转。

标 准 答 案

一、填空题

1. 粗实线　2. 碳钢、合金钢　3. 欠定位　4. 中径　5. 圆柱
6. 靠模仿形　7. 行程　8. 精密　9. 导向　10. 工时

二、选择题

11. A　12. A　13. C　14. A　15. C
16. C　17. A　18. D　19. B　20. C
21. A　22. B　23. C　24. B　25. D
26. A　27. A　28. A　29. B　30. C

三、判断题

31. ×　32. √　33. √　34. ×　35. √
36. √　37. ×　38. √　39. √　40. ×

四、简答题

41. 答：一般液压传动由下列四部分组成。

1）动力部分，其功用是将机械能转换为液压能。

2）执行部分，其功用是将液压能转换为机械能。

3）控制部分，控制系统的流量、压力和流动方向。

4）辅助部分，为系统贮油、输送油液、过滤等。

42. 答：因为光学合象水平仪：

弧形玻璃管安在一个特制铰链支架上，可以调节，且其半径小；又有两半气泡影像重合、光学放大等，可提高测量精度；所以比框式水平仪的测量范围大、精度高。

五、计算题

43. 解：用公式 $P=1.3LtR_m$

$$=1.3\pi DtR_m$$
$$=1.3\times3.14\times100\times3\times490\text{N}$$
$$=600054\text{N}$$
$$=600\text{kN}$$

答：冲制该孔所需冲压力为 600kN。

44. 解：① $\alpha=360°\times2/3=240°$

② $\theta=240°/(9-1)=30°$

③ $n=30°/9=3\dfrac{1}{3}(\text{周})=3\dfrac{10}{30}(\text{周})$

④ 在 30 个孔的孔圈上分度手柄应转 3 转后再转 10 个孔距。

中级工具钳工理论试题(二)

一、填空题

1. W18Cr4V 是______________，常用来制造一些形状比较复杂的刀具。

2. 细刮刀的楔角一般应刃磨成__________左右，切削刃稍带圆弧。

3. 用标准群钻修磨横刃后，内刃前角__________，切削省力，可加大切削速度。

4. 用止端螺纹环规检查工件外螺纹的单一__________。

5. 量针法测量螺纹中径的方法，应用最广泛的是__________。

6. 折线形齿背是在齿沟加工结束后，用单角铣刀的锥面齿或双角铣刀的__________锥面齿铣削而成的。

7. 制造丝锥过程中抛槽工序的目的是清除__________后留下的污垢。

8. 分组选配法的装配精度取决于零件的__________。

9. 锻模热处理淬火后模槽可用__________装上各种形状的砂轮进行精磨。

10. 机床电气控制线路中，热继电器主要起__________保护作用。

二、选择题

11. 用半径为 R 的圆弧外切连接两个半径分别为 R_1、R_2 的圆弧。确定连接圆弧圆心的方法为：分别以两已知圆弧的圆心 O_1、O_2 为圆心，以(　　)为半径作圆弧，其交点即为连接弧的圆心 O。

A. $R-R_1$、$R-R_2$　　B. $R+R_1$、$R+R_2$

C. R_1-R、R_2-R　　D. $R-R_1$、$R+R_2$

12. 金属切削刀具切削部分的材料，应具有高硬度，一般在常温下的硬度应在(　　)以上。

A. 80HRC　　B. 70HRC　　C. 200HBW　　D. 60HRC

13. 在主剖面内测量的前刀面与基面之间的夹角称为(　　)。

A. 刃倾角 λ_o　　B. 主后角 α　　C. 主偏角 κ_y　　D. 前角 γ_o

14. 砂轮的硬度是指(　　)。

A. 磨料的硬度　　B. 粘合剂的硬度

C. 磨料脱落的难易程度　　D. 砂轮的综合硬度

15. 圆周送进式铣床夹具适用于(　　)生产。

A. 单件　　B. 大批量　　C. 小批量　　D. 较大型工件

16. 与机械传动相比，液压传动的缺点是(　　)。

A. 速比不准确，传动效率高　　B. 速比准确，传动效率低

C. 速比不准确，传动效率低　　D. 速比准确，但噪声大

17. 阿基米德螺旋线是指一动点沿等速旋转的圆半径方向做(　　)时该点的运动轨迹。

A. 匀速直线运动　B. 匀加速运动　　C. 变速直线运动　　D. 匀减速直线运动

18. 在钻小孔时(直径在 3mm 以内)，由于钻头螺旋槽窄小，(　　)，所以钻头易折断。

A. 排屑困难　　B. 排屑容易　　C. 钻头强度高　　D. 切削速度低

19. Z3050 型摇臂钻床主轴进给量中最小的为(　　)。

A. 0.03mm/r　　B. 0.04mm/r　　C. 0.05mm/r　　D. 0.08mm/r

20. 在使用钻床前一定要检查各部状态是否完好，且要试车检查，开车后应(　　)。

A. 低速运转　　B. 中速运转　　C. 高速运转　　D. 中高速运转

21. 用千分尺测量出轴的直径而计算出其周长的方法称为(　　)。

A. 直接测量法　　B. 间接测量法　　C. 不接触测量法　　D. 相对测量法

22. 齿厚游标卡尺的两个主尺位置是(　　)。

A. 平行的　　B. 垂直的　　C. 铰接的　　D. 成 60°角

23. 用碟形砂轮的平面磨削铰刀前刀面时，当前角 $\gamma>0$ 时，调整砂轮与铰刀的相对位置时，砂轮端面须(　　)。

A. 通过铰刀中心　　B. 相对铰刀中心偏离一个位置

C. 倾斜　　D. 与铰刀轴线垂直

24. 铣窄的通槽，可选用(　　)。

A. 锯片铣刀或小直径的立铣刀　　B. 圆柱铣刀

C. 面铣刀　　D. 成形铣刀

25. 一个齿轮或是一根轴称为(　　)。

A. 一个零件　　B. 一个部件　　C. 一个分组件　　D. 一个组件

26. (　　)可以造成旋转件的不平衡。

A. 材料密度分布不均匀　　B. 装配精度高

C. 形状对称　　D. 材料密度分布均匀

27. 在载荷平稳的场合下，由于螺纹联接有(　　)，所以工作中不会自行松脱。

A. 进给力　　B. 自锁性　　C. 拧紧力　　D. 摩擦力

28. 在带传动机构中，若张紧力过小，(　　)。

A. 带打滑，磨损严重　　B. 传动效率高

C. 传递转矩大　　D. 带使用寿命长

29. 钻模板应具有足够的(　　)，以保证钻套位置的准确性和加工的稳定性。

A. 强度　　B. 刚度　　C. 耐磨性　　D. 强度和刚度

30. 产品的开发管理是(　　)管理的主要内容。

A. 班组生产　　B. 车间生产　　C. 车间技术　　D. 专业技术

三、判断题

(　　)31. 偏心夹紧装置的夹紧距离小，扩力倍数比螺旋夹紧装置的大。

(　　)32. 液压传动是以油液作为工作介质，依靠密封容积的变化来传递运动，依靠油液内部的压力来传递动力的。

(　　)33. 钻削多孔工件，在钻孔前应做好基准，先用 0.5 倍孔径的钻头按划线钻

孔，然后边扩边测量，直至达到要求。

(　　)34. 在使用电钻前，须空转1min，以便检查传动部分是否正常。

(　　)35. 杠杆千分尺活动套管的分度值为0.001mm。

(　　)36. 复杂样板的工作型面主要由直线或圆弧组成。

(　　)37. 各种型面曲线比较复杂的样板，可利用光学测量仪检验。

(　　)38. 刃磨多刃刀具(如铣刀)时，应最后刃磨刀齿后刀面。

(　　)39. 导柱模的优点之一是凸凹模之间的间隙小。

(　　)40. 铣削加工时，若在切削部位刀齿的旋转方向和工件的进给方向相同，则为逆铣。

四、简答题

41. 安全用电措施是什么？

42. 什么叫刨削的切削速度？写出牛头刨床平均切削速度的近似计算公式。

五、计算题

43. 用三针量法测量M20的螺纹时，最佳量针直径为多少？

44. 某机械厂工人甲加工40个零件用了7h，事前看图样和送零件等用了1h，求工时定额。

标 准 答 案

一、填空题

1. 高速钢	2. 95°	3. 增大	4. 中径	5. 三针法
6. 大角度	7. 热处理淬火	8. 分组数	9. 电磨头	10. 过载

二、选择题

11. B	12. D	13. D	14. C	15. B
16. C	17. A	18. A	19. A	20. A
21. B	22. B	23. B	24. A	25. A
26. A	27. B	28. A	29. D	30. D

三、判断题

31. ×	32. √	33. √	34. √	35. ×
36. ×	37. √	38. √	39. ×	40. ×

四、简答题

41. 答：① 相线必须进开关，合理选择照明电压，合理选择导线和熔丝。

② 电气设备要有一定的绝缘电阻，电气设备的安装要正确。

③ 采用各种保护用具，正确使用移动电具、电气设备的保护接地和保护接零。

42. 答：① 工件和刨刀在切削时的相对速度称为切削速度(v)，单位为m/min。

② $v=0.17nL$

式中 n——每分钟往复行程数(次/min)

L——行程长度(mm)。

五、计算题

43. 解：M20的三角形螺纹的螺距 $P=2.5\text{mm}$

最佳量针直径为 $D_{佳}=0.577P$

$=0.577\times2.5\text{mm}$

$=1.4425\text{mm}$

答：测M20的三角形螺纹时最佳钢针直径为1.4425mm。

44. 解：工时定额$=(7+1)/40\text{h/个}$

$=0.2\text{h/个}$

即每个零件需用12min。

中级工具钳工理论试题(三)

一、填空题

1. 碳素工具钢热处理后的硬度可达60~64HRC，但__________较低，允许的切削速度很低。

2. 钳工用的锉刀常用碳素工具钢制造，常用的牌号为__________。

3. 砂轮硬，表示砂轮的磨粒__________。

4. 液压传动系统中__________的作用是将液压能转换为机械能。

5. 大型工件划线常用的方法有拉线与吊线法和____________。

6. 深度千分尺用于测量孔或键槽的深度及台阶的高度尺寸，测量范围有0~50mm和____________mm两种。

7. 盘形凸轮一般用于从动件行程或摆动较__________的场合。

8. 制造丝锥过程中抛槽工序的目的是清除__________后留下的污垢。

9. 把电气设备的金属外壳接到线路系统中的中性线上称为__________。

10. 用转动小滑板法车削圆锥时，若圆锥面的锥角为α，则小滑板转动__________角，才能正确车削。

二、选择题

11. 在平行于弹簧轴线方向的视图中，圆柱螺旋压缩弹簧各圈的轮廓应画成(　　)。

A. 直线　　B. 曲线　　C. 点画线　　D. 细实线

12. 当加工中等硬度的塑性材料，切削速度又较低时，一般常获得(　　)切屑。

A. 带状　　B. 粒状　　C. 节状　　D. 崩碎状

13. 标准麻花钻的横刃斜角ψ一般刃磨成(　　)。

A. 35~40°　　B. 50°左右　　C. 45°左右　　D. 55°左右

14. 机床夹具中，保证工件在加工过程中受到外力(切削力等)作用时不离开已占据的正确位置的装置是(　　)。

A. 定位装置　　B. 夹紧装置　　C. 夹具体　　D. 分度装置

15. 夹具上布置六个支承点可限制的自由度数为(　　)。

A. 6个　　B. 3个　　C. 4个　　D. 不确定

16. 在摇臂钻床上加工零件的平行孔系，一般用(　　)钻夹具。

A. 固定式　　B. 回转式　　C. 移动式　　D. 翻转式

17. 液压传动依靠油液内部的压力来传递(　　)。

A. 运动　　B. 动力　　C. 直线运动　　D. 能量

18. 标准群钻的横刃磨得越短，新形成的内刃前角(　　)。

A. 减小　　B. 无明显变化　　C. 增大　　D. 增大或减小

19. 在钻孔中若进给量取较小值，则(　　)。

A. 孔壁光洁　　B. 孔壁粗糙　　C. 生产率高　　D. 切削速度低

20. 钻相交孔的特点是 (　　)。

A. 两孔中心线同轴　　B. 两孔中心线垂直

C. 两孔中心线相交　　D. 两孔相贯穿

21. Z535 立式钻床的轴与主轴是用(　　)来联接的。

A. 滑键　　B. 导向平键　　C. 花键　　D. 楔键

22. 下列量具、量仪属于机械式量仪的是(　　)。

A. 游标卡尺　　B. 外径千分尺　　C. 游标万能角度尺　　D. 杠杆百分表

23. 检查齿轮周节积累误差时可用(　　)。

A. 齿轮游标卡尺　　B. 周节仪　　C. 光学齿厚卡尺　　D. 千分尺

24. 凸轮基圆是(　　)。

A. 以凸轮最小半径为半径所作的圆　　B. 以凸轮的任一半径为半径所作的圆

C. 以凸轮的最大半径为半径所作的圆

D. 以凸轮轮廓最大半径和最小半径之差为半径所作的圆

25. 当两轴线交叉时应该用(　　)联轴器。

A. 套筒式　　B. 万向式　　C. 凸缘式　　D. 十字滑槽式

26. 在套筒滚子链传动中，主动链轮做匀速旋转，则从动链轮(　　)。

A. 匀速转动　　B. 变速转动　　C. 加速转动　　D. 变速直线运动

27. 由于材料的弹性变形，弯曲后制件的弯曲半径和弯曲角度发生变化，与模具的相应尺寸不一致，这种现象称为(　　)。

A. 伸长变形　　B. 回弹　　C. 压缩变形　　D. 扭转变形

28. 凸模固定板的凸模安装孔中心线应与其上面(　　)。

A. 平行　　B. 垂直　　C. 对称　　D. 倾斜

29. 一般冲裁模的导套、导柱分别与上、下模座孔的配合为(　　)。

A. 间隙配合　　B. 过渡配合　　C. 过盈配合　　D. 间隙或过盈配合

30. 在机床电器线路中，主要起过载保护作用的是(　　)。

A. 熔断器　　B. 接触器　　C. 时间继电器　　D. 热继电器

三、判断题

(　　)31. 机件上的肋板，如纵向剖切都应画剖面符号。

(　　)32. 在平行于花键轴的投影面上的剖视图中，内花键的大径与小径均用粗实线绘制。

(　　)33. 在万能铣床上加工各种直线成型面的零件，应用机械仿形靠模铣夹具。

(　　)34. 液压缸的工作功率就是液压系统的输出功率。

(　　)35. 变换钻床主轴转速必须在停车后进行。

(　　)36. 在相同条件下，重复测量同一量时，误差的大小和方向都是变化的，且没有明显的规律性，这种测量误差称为系统误差。

(　　)37. 清洗精密零件上的油脂、污垢，常用的清洗液是汽油。

(　　)38. 不带压边装置的首次拉深模一般适用于拉深板料厚度大于 2mm 及拉深深度较小的制件。

(　　)39. 模槽的钳工修整是指淬火前用手工方法修整一些机械加工难以加工到的部位，淬火后就不能用手工修整了。

(　　)40. B6050 机床是最大刨削长度为 500mm 的普通牛头刨床。

四、简答题

41. 要提高刀具寿命，可以从哪些方面着手？

42. 齿轮与轴装配后常出现哪些安装误差？对于精度要求高的场合，应检查什么项目？

五、计算题

43. 把 0.02mm/1000mm 框式水平仪放在长为 250mm 的底座上，去测量车床导轨，在一位置的读数为 1.5 格。

试求：此时底座两端的高度差为多少？

44. 一电动砂轮机的砂轮重 40N，因安装原因产生偏心距 1mm，在电动机转速为 1450r/min时，其产生的离心力是多少？

标准答案

一、填空题

1. 热硬性	2. T12(T12A)	3. 不易脱落	4. 执行部分	5. 拼凑大型平面法
6. 0~100	7. 小	8. 热处理淬火	9. 保护接中线	10. $\alpha/2$

二、选择题

11. A	12. C	13. D	14. B	15. D
16. A	17. B	18. C	19. A	20. C
21. C	22. D	23. B	24. A	25. B
26. B	27. B	28. B	29. C	30. D

三、判断题

31. ×	32. √	33. √	34. √	35. √
36. ×	37. √	38. √	39. ×	40. √

四、简答题

41. 答：(1) 合理地选择刀具的几何角度。

(2) 合理地选择切削用量。

(3) 对难切削的工件材料，采取工艺措施。

(4) 合理选用切削液。

42. 答：齿轮装到轴上后，常出现的误差形式有偏心、歪斜和未靠住台阶面。

检查项目有：

1) 齿圈的径向圆跳动；

2) 齿轮的轴向圆跳动。

五、计算题

43. 解：① 当该水平仪放在长为 250mm 底座上读数为 1 格时，两端高度差为 Δx，

$$\frac{\Delta x}{250}=\frac{0.02}{1000},\qquad \Delta x=\frac{0.02\times250}{1000}\text{mm}=0.005\text{mm}$$

② 若为 1.5 格时，则：$\Delta x=0.005\times1.5\text{mm}=0.0075\text{mm}$。

答：250mm 长的底座两端高度差为 0.0075mm。

44. 解：将有关量代入公式得

$$F=\frac{G}{g}e\left(\frac{\pi n}{30}\right)^2$$

$$=\frac{40}{9.8}\times0.001\times\left(\frac{3.14\times1450}{30}\right)^2\text{N}$$

$$=94\text{N}$$

答：当其工作时将产生 94N 的离心力。

高级工具钳工理论试题(一)

一、填空题

1. 双出杆活塞缸当__________固定时为实心双出杆活塞缸。

2. 作用于刚体上某点的力，可以沿其作用线移到刚体上任意一点而不会改变力对刚体的__________。

3. 平面光学元件是由平面按________组成不同形状的各种平面光学元件。

4. 被测齿轮的基节偏差就是对轮齿的左、右两侧都进行测量后，取两边__________最大的两个示值差作为被测齿轮的基本偏差。

5. 为保证夹具对定销装配后定位接触良好，其导向定位部分的轴线与分度板的分度孔轴线必须__________。

6. 在模具装配中，用低熔点合金浇注法可固定凸模、凹模和__________等零件。

7. 用测量法调整冲模，就是将凸凹模闭合，用__________测量四周的间隙，根据测量的间隙值调整凸模的位置，直至间隙均匀合理。

8. 试冲冲模时，试冲件的材料性质、种类牌号和__________均应符合图样要求。

9. 劳动生产率可用劳动者在单位时间内生产的合格产品数量或用生产单位产品所消耗的________两种公式来表示。

10. 计算劳动生产率一般有用实物单位计算、用__________计算和用工时计算三种方式。

二、选择题

11. 轴向柱塞泵如改变斜盘倾角方向，就能改变吸压油(　　)。

A. 大小　　B. 排量　　C. 方向　　D. 次数

12. 实心双出杆液压缸工作台的往复运动范围等于有效行程的(　　)。

A. 2倍　　B. 3倍　　C. 1.5倍　　D. 1/2

13. 用于电动机直接起动时，可选用额定电压为380V或500V，额定电流等于或大于电动机额定电流(　　)的三极开关。

A. 1倍　　B. 2倍　　C. 3倍　　D. 5倍

14. 对E形铁心，维修中应注意铁心中柱接触面，要留有(　　)mm的防剩磁间隙。

A. 0.1~0.2　　B. 0.2~0.5　　C. 0.5~1　　D. 1~1.5

15. 常用于电动葫芦的起重电动机控制和车床滑板和快速移动的电动机控制的控制方法是(　　)。

A. 点动正转控制　　B. 接触器自锁正转控制

C. 过载保护的自锁正转控制　　D. 连续点动混合控制

16. 自耦变压器降压起动，起动转矩和起动电流(　　)。

A. 恒定　　B. 可以调节　　C. 不可以调节　　D. 不稳定

17. 电流控制原则是根据电动机主回路(　　)，利用电流继电器来控制电动机的工作状态。

A. 电流大小　　　　B. 电压大小
C. 感应电动势的大小　　　　D. A 或 B

18. 若电动机的负载是常值，在已知负载功率的前提下，选择电动机的额定功率(　　)负载功率。

A. 等于或略大于　B. 小于或等于　C. 大于　D. 小于

19. 静摩擦因数的大小一般与接触面的(　　)无关。

A. 大小　B. 粗糙程度　C. 湿度　D. 润滑条件

20. 斜面自锁条件是斜面倾角(　　)摩擦角。

A. 大于　B. 小于　C. 大于或等于　D. 小于或等于

21. 一根钢轴与一根铜轴，均属扭转圆轴，若受力情况及截面均相同，则两轴的最大剪应力相同，强度(　　)。

A. 也相同　B. 不同　C. 有时相同　D. 无法确定

22. 轮系传动比计算公式中(-1)的指数 m 表示轮系中相啮合的(　　)齿轮的对数。

A. 圆柱　B. 锥　C. 外啮合圆柱　D. 内啮合圆柱

23. 只受弯曲作用而不传递动力，用来支承转动零件的轴是(　　)。

A. 光轴　B. 心轴　C. 转轴　D. 传动轴

24. 万能工具显微镜常用的是螺纹轮廓目镜和(　　)。

A. 中央目镜　B. 长度目镜　C. 可换目镜　D. 测角目镜

25. 螺纹轮廓目镜视场旁边有范围为(　　)，分度值为 10′的固定角度标尺。

A. ±20°　B. ±10°　C. ±7°　D. ±5°

26. 投影仪被测件由物镜成像于(　　)。

A. 透射聚光镜　B. 物镜　C. 反射聚光镜　D. 投影屏

27. 在模具装配中无机粘接常用于凸模与固定板导柱、导套与(　　)的粘接。

A. 导向板　B. 平等夹板　C. 凹模　D. 模座

28. 经济效益是指人们在从事社会实践活动中投入的资源与获得的有用成果的(　　)。

A. 比较　B. 关系　C. 联系　D. 比例

29. 制订劳动定额的统计分析法(　　)。

A. 适用于单件小批生产　　　　B. 比经验估式法准确性差
C. 适用于品种多的场合　　　　D. 比经验估式法准确

30. 选择量具和量仪应适应夹具装配和测量场所的(　　)。

A. 技术指标　B. 环境条件　C. 客观条件　D. 具体要求

三、判断题

(　　)31. 当有些液压传动机械在工作过程中的各个阶段需要不同的压力时，采用多级压力回路。

(　　)32. 容积调速回路是由变量泵组成的调速回路。

(　　)33. 瞬动型位置开关的角位置开关的触点动作速度与操作速度有关。

(　　)34. 四杆机构中的最短杆就是曲柄。

(　　)35. 凸轮转过一个角度时，从动件的升距就叫行程。

(　　)36. 为防止齿面胶合，对于低速传动，可采用黏度大的润滑油。

(　　)37. 平带交叉传动，用于两轴轴线平行且旋转方向相同的场合。

(　　)38. 光学分度头用于精密测量角度和加工零件的精密分度。

(　　)39. 调整冲模间隙时，一般可先将凸模固定，通过改变凹模的位置来调整间隙。

(　　)40. 在成批生产条件下，工时定额的内容可不计准备与结束的时间。

四、简答题

41. 简述万能工具显微镜瞄准显微镜系统的光学系统。

42. 什么是投影仪的绝对测量法？

43. 冲模装配有哪些技术要求？

五、计算题

44. 某液压泵输出口的压力为10.2MPa，流量为98.2L/min，总效率η为0.8，求输入液压泵的功率。

六、论述题(满分10分)

45. 根据折射定律，试述插入水中的筷子从水面上看起来像是向上折了的道理。

标准答案

一、填空题

1. 缸体	2. 作用效果	3. 用途	4. 绝对值	5. 一致
6. 导套	7. 塞尺	8. 厚度	9. 劳动时间	10. 价值量

二、选择题

11. C	12. B	13. C	14. A	15. A
16. B	17. A	18. A	19. A	20. D
21. B	22. C	23. B	24. D	25. C
26. D	27. D	28. A	29. D	30. B

三、判断题

31. √	32. √	33. ×	34. ×	35. ×
36. √	37. ×	38. √	39. ×	40. ×

四、简答题

41. 答：① 瞄准显微镜系统的光学系统是照明灯通过两个聚光镜可变孔径光阑、滤光片和反射镜给旋转于玻璃工作台上的被测工件照明。

②由物镜通过转向棱镜将工件清晰地成像于米字线分划板上，最后通过目镜进行观察。

42. 答：① 选择适当的放大倍数，安装好工件，进行调焦，得到清晰的光像。

② 调整投影屏上的十字刻线，使其工件被测部分轮廓边缘分别对正，通过工作台的纵横移动和转动或投影屏的转动，在各读数装置上读出相应的读数，即为测量的工件尺寸。

43. 答：1. 冲模闭合高度及各零件间相互位置应符合图样规定的要求。

2. 凸、凹模间的配合间隙在整个轮廓上应合理且均匀一致，符合图样要求。

3. 导柱与导套之间导向良好，移动平稳均匀，无歪斜、阻滞现象。

4. 模柄的圆柱部分应与上模座上平面垂直。

5. 上模座的上平面与下模座底平面之间的平行度公差为 0.05mm/300mm。

6. 在生产条件下试冲，冲件应符合图样要求。

五、计算题

44. 解：

$$N_{入}=\frac{PQ}{60\eta}$$

$$=\frac{10.2\times98.2}{60\times0.8}\text{kW}$$

$$=20.87\text{kW}$$

故输入液压泵的功率为 20.87kW。

六、论述题

45. 答：① 这是由于光的折射的缘故。

② 从筷子下端 B 点射出的光由水中进入空气时，在水面处发生折射，远离法线，折射光线射入眼里，人的视觉觉得折射光线是从它的反方向延长线的 B' 点发出的，B' 就是 B 的像。筷子插入水中的一段 AB 上其他各点的情形也是这样，因此我们就觉得整个 AB 段像是向上折了。

高级工具钳工理论试题(二)

一、填空题

1. 最基本的流量控制阀是________阀。

2. 基本回路是用________组成并能完成特定功能的典型回路。

3. 一般来说，继电器由承受机构、中间机构和________机构三大部分组成。

4. 热电器主要用于电动机的过载、断相、电流不平衡运行的保护及其他电气设备________状态的控制。

5. 选择电动机额定电压等级要与电网电压________。

6. 分度圆上________的大小，对轮齿的形状有影响。

7. 用万能渐开线检查仪测量时，测头与被测________，使被测齿轮的实际渐开线与理论渐开线进行比较，测出误差。

8. 用低熔点合金浇注时，必须用砂纸打磨对零件浇注合金的部位，然后用丙酮或________进行清洗，去除铁锈、油污。

9. 直接影响冲压制件的质量和冲模使用寿命的重要因素之一是冲模凸凹模之间的__________。

10. 提高经济效益的具体途径之一是节约能源和原材料，减少劳动消耗，降低成本，从________中求生产。

二、选择题

11. 液压泵的额定流量应(　　)系统所需要的最大流量。

A. 等于　B. 小于　C. 稍低于　D 稍高于

12. 减压阀的开口随出油口压力的升高而(　　)。

A. 增大　B. 减小　C. 不变　D. 增大或不变

13. 直动式溢流阀只适用于(　　)。

A. 低压系统　B. 中压系统　C. 高压系统　D. 低中压系统

14. 在液压传动的机械中，有些执行元件的运动常常要求按严格顺序依次动作，采用(　　)回路就可满足。

A. 顺序动作　B. 速度换接　C. 调压　D. 容积调速

15. 瞬动型位置开关的触点动作速度与操作速度(　　)。

A. 成正比　B. 成反比　C. 有关　D. 无关

16. 牵引电磁铁一般具有装甲螺管式结构，能在长行程下获得较大的吸力，可做成(　　)结构。

A. 推动式　B. 拉动式　C. 推动形式和拉动式　D. 旋转式

17. 星形-三角形(Y-Δ)降压起动只适用于(　　)下起动。

A. 重载　B. 变载　C. 静载　D. 轻载或空载

18. 变极调速只适用于(　　)异步电动机。

A. 无速　B. 绕线式　C. 笼型　D. B 或 C

19. 摩擦力指两个相互接触的物体，当有(　　)时其接触表面之间就产生彼此阻碍滑动的力。

A. 相对滑动　　B. 相对滑动的趋势
C. 相对移动　　D. A 或 B

20. 在下列机构中，要求发生自锁的是(　　)。

A. 螺旋千斤顶　　B. 凸轮机构中的从动件
C. 水闸闸门启闭　　D. 摇臂钻床的摇臂升降

21. 导杆机构要演化为转动导杆机构的条件是固定杆件的长度 L_1(　　)主动件的长度 L_2。

A. 小于或等于　　B. 等于　　C. 小于　　D. 大于

22. 凸轮机构是(　　)机构。

A. 低副　　B. 转动副　　C. 高副　　D. 螺旋副

23. 开式齿轮传动和硬齿面闭式传动中，齿轮失效的主要形式是(　　)。

A. 齿面胶合　　B. 齿面磨损　　C. 轮齿折断　　D. 轮齿点蚀

24. 差动螺旋转动，可以方便地实现(　　)调节。

A. 微数　　B. 大量　　C. 较大　　D. 定量

25. 投影仪相对测量法即在投影屏上把工件放大的影像和按一定比例绘制的标准图形相比较，以检验工件(　　)。

A. 尺寸　　B. 形状　　C. 偏差　　D. 是否合格

26. 环氧树脂粘接有以下缺点：有脆性、硬度低、小面积不能承受高压、固化剂毒性大、(　　)。

A. 不耐高温　　B. 寿命短　　C. 工艺复杂　　D. 强度低

27. 劳动生产率水平的高低与单位合格产品平均消耗的劳动时间的多少(　　)。

A. 成比例　　B. 成正比　　C. 成反比　　D. 成等比

28. 不是计算劳动生产率的三种方式的是(　　)。

A. 全员劳动生产率计算　　B. 实物单位计算
C. 价值量计算　　D. 定额工时计算

29. 经济效益是指人们在从事社会实践活动中投入的资源与获得的有用成果的(　　)。

A. 比较　　B. 关系　　C. 联系　　D. 比例

30. 在大批量生产条件下，(　　)时间可不计入工时定额内。

A. 准备与结束　　B. 辅助　　C. 布置工作地　　D. 休息

三、判断题

(　)31. 空心双出杆液压缸的活塞是固定不动的。

(　)32. 接触器如使用在频繁起动、制动和频繁正反转的场合时，应按小于一倍的容量选择接触器。

(　)33. 物体间相互作用的作用力和反作用力可组成平衡力系。

(　)34. 蜗杆与蜗轮的轴线在空间互相垂直。

（　）35. 带传动在过载时产生打滑，对零件起安全保护作用。

（　）36. 五角棱镜和半五角棱镜，都是用来改变光轴方向的。

（　）37. 测长机尾座上的尾管是用来调整工件位置的。

（　）38. 为使带有阶台面的定位元件压入夹具体内，不导致接触不良或破坏，要求定位元件压入夹具体内，且轴线垂直基面。

（　）39. 为保证精密夹具装配的测量精度，必须采用高精度的量具和量仪。

（　）40. 冲模装好经检查无误后，应钻铰销钉孔并配上销钉，以免试冲时零件移位。

四、简答题

41. 螺纹联接的基本类型有哪些？

42. 如何用测角目镜测量螺纹螺距？

43. 拉深模试冲的试件外形尺寸不对、表面质量不好，是何原因？如何调整？

五、计算题

44. 要求某车床主轴内柱外锥式动压轴承的间隙为 0.03mm，轴套长度为 100mm，外锥大端直径为 50mm，小端直径为 48mm，调整螺母的导程为 4mm，求螺母拧松的角度并说明松、紧螺母的调整过程。

六、论述题

45. 试述夹紧机构的装配质量对夹具使用寿命的影响。

标准答案

一、填空题

1. 节流　2. 液压元件　3. 执行　4. 发热　5. 相符
6. 压力角　7. 齿面接触　8. 甲苯　9. 间隙　10. 节约

二、选择题

11. D　12. B　13. A　14. A　15. D
16. C　17. D　18. C　19. D　20. A
21. C　22. C　23. C　24. A　25. D
26. A　27. C　28. A　29. A　30. A

三、判断题

31. √　32. ×　33. ×　34. √　35. √
36. √　37. ×　38. √　39. ×　40. ×

四、简答题

41. 答：常用的螺纹联接有螺栓、螺母联接；双头螺栓联接和螺钉联接三种。

42. 答：(1)用影像法测量螺距时，使目镜米字线的十字中心虚线与螺纹牙型的影像相压，此时为了减少牙型角的误差影响，可将米字线的中心尽量选在牙型影像的中径部位，记下纵向投影读数值。

(2)然后移动显微镜的纵向滑台，直到与相邻牙的相应点重合，记下第二次读数值。两读数值之差即为被测螺纹的螺距。

43. 答：原因：(1)坯料尺寸过大或过小。
(2)凸凹模间隙不均匀。
(3)压边力过大或过小。
(4)凹模淬火硬度太低，表面质量不好。
(5)定位板位置不对。

调整方法：(1)重新更换坯料。
(2)重新调整间隙。
(3)调整压边力的大小。
(4)对凸凹模进行抛光。
(5)重新调整定位板。

五、计算题

44. 解：① $\alpha = \dfrac{360° \Delta L}{(D-d)S}$

$= \dfrac{100 \times 360°}{50-48} \times \dfrac{0.03}{4}$

$= 135°$

② 拧松小端螺母135°，拧紧大端螺母135°，使轴承轴向移动，即可得到要

求的间隙值 0.03mm。

六、论述题

45. 答：①夹紧机构用来把工件夹牢、压紧在定位元件上。在加工工件的过程中，夹具不但要承受切削力，还要承受工件的重力、离心力和惯性力的作用。在承受这些力的作用时，要保证工件不能产生位移或振动。

②如果装配不良，不但会降低工件的夹紧力，甚至还会使一些元件承受额外的、不必要的作用力，从而使其产生变形以至损坏或丧失原有的精度，缩短使用寿命。

高级工具钳工理论试题(三)

一、填空题

1. 三位四通换向阀有 3 个工作位置________通路口。

2. 继电器是实现________控制和保护电力拖动装置的电器。

3. 光学分度头直接把刻度刻在与________连在一起的玻璃刻度盘上，通过目测观察刻度的移动进行分度。

4. 万能工具显微镜附有的常用目镜有轮廓目镜和________目镜。

5. 万能工具显微镜的测角目镜的中央目镜分划板(呈米字形)上有十字中心虚线，与十字中心虚线平行且对称分布的有________条刻线。

6. 万能渐开线检查仪的固定基圆盘通过杠杆机构的放大或缩小，可以产生在其范围内的________基圆。

7. 在夹具调整时如对装配导向元件时产生的综合误差未加注意，使用时除影响工件的加工，也会影响夹具的________。

8. 夹具装配结束时对夹具进行实物鉴定，对夹具本身进行振动、________和被加工件的精度测定。

9. 环氧树脂粘接在模具制造中除用于零件的粘接外，还常用于浇注________。

10. 在模具装配中常用的环氧树脂粘结剂配方有 634#环氧树脂和________环氧树脂两种。

二、选择题

11. 当液压系统中某一分支油压低于其他工作部件的油压时，(　　)能满足执行机构的需要。

A. 减压阀　　B. 顺序阀　　C. 溢流阀　　D. 换向阀

12. 液压系统中执行元件的换向动作大都由(　　)来实现。

A. 溢流阀　　B. 换向阀　　C. 节流阀　　D. 调速阀

13. 液压系统的回油节流调速回路(　　)。

A. 用于与进油节流调整回路的调速特性不同的液压系统

B. 用于在进油路中串接背压阀，可提高运动平稳性的液压系统

C. 用于运动平稳性要求较高的液压系统

D. 用于属速度换接回路的液压系统

14. 在液压传动的机械中，常常要求有些执行元件按严格的顺序依次动作，采用(　　)回路就可满足。

A. 顺序动作　　B. 速度换接　　C. 调压　　D. 容积调速

15. 根据断路器的一般选用原则，断路器欠电压脱扣器的额定电压(　　)线路额定电压。

A. 大于　　B. 等于　　C. 大于等于　　D. 小于

16. 倒顺开关正反转控制电路一般用于控制额定电流 10A、功率(　　)异步电

动机。

A. 3kW 以下的小容量　　B. 3kW 以上的大容量

C. 3kW 的小容量　　D. 3kW 以上的小容量

17. 通常规定：电源容量在 180kV · A 以上，电动机容量在(　　)以下的三相异步电动机就可采用直接起动。

A. 5kW　　B. 7W　　C. 7kW　　D. 70kW

18. 三速异步电动机低速运行时，定子绕组接成三角形，中速时接成星形，高速时接成(　　)。

A. 双星形　　B. 双三角形　　C. 三角形和星形　　D. 星形

19. 最大静摩擦力的大小与两物体间的正压力(　　)。

A. 成反比　　B. 成正比　　C. 成等比　　D. 成比例

20. 摩擦角的正切(　　)摩擦因数。

A. 大于　　B. 小于　　C. 等于　　D. 小于或等于

21. 在校核材料的剪切和挤压强度时，当有一个指标超过许用值时，强度就(　　)。

A. 不够　　B. 足够　　C. 不一定足够　　D. 无法判断

22. 渐开线圆柱齿轮分度圆上的压力角(　　)。

A. 指基本齿条的法向压力角

B. 大小对齿形没影响

C. 大小对传动没影响

D. 大小对承载能力没影响

23. 加惰轮的轮系，改变从动齿轮的转向，(　　)主、从动齿轮传动比的大小。

A. 改变　　B. 不改变　　C. 不一定改变　　D. 影响

24. 平带传动通常采用的传动比为(　　)。

A. $i<5$　　B. $i\leqslant5$　　C. $i\geqslant5$　　D. $i=5$

25. 在万能工具显微镜上用影像法测螺纹螺距时，可用与测量中径相同的(　　)。

A. 全像法　　B. 影像法　　C. 比较法　　D. 瞄准法

26. 投影仪的投影屏能回转(　　)角。

A. 90°　　B. 270°　　C. 180°　　D. 360°

27. 计算劳动生产率的人员范围，工业企业一般采用(　　)的计算方式。

A. 工人劳动生产率逆指标

B. 定额工时

C. 劳动生产率的正指标

D. 工人劳动生产率和全员劳动生产率

28. 经济效益是指人们在从事社会实践活动中投入的资源与获得的有用成果的(　　)。

A. 比较　　B. 关系　　C. 联系　　D. 比例

29. 合金元素在熔化前严格按所需比例(　　)。

A. 制剂　　B. 检查　　C. 抽样　　D. 称量好

30. 回油节流调速回路(　　)。

A. 与进油节流的调速特性不同

B. 进油路串接背压阀可提高运动平稳性

C. 用于运动平稳性要求较高的液压系统

D. 属速度换接回路

三、判断题

(　) 31. 接触器是电力拖动与自动控制系统中重要的一种低压电器。

(　) 32. 接触器如使用在频繁起动、制动和频繁正反转的场合，应按小于一倍的容量选择接触器。

(　) 33. 在凸轮机构工作时，为避免刚性冲击，可用 $r=h/2$ 的圆弧对从动件等速运动的位移曲线进行修正。

(　) 34. 在蜗杆传动中，通常蜗轮是主动件。

(　) 35. 普通螺旋传动的螺杆的移动方向与螺杆的回转方向有关，与其螺旋方向无关。

(　) 36. 利用自准直原理的量仪来测量工件的平面度时，不可以任意改变平面反射镜和物镜之间的距离。

(　) 37. 在卧式测长仪的光学系统中，螺旋分划板与 0.1mm 游标刻度尺之间的间距很小，是为通过目镜可以同时观察放大的双阿基米德螺旋线、微米刻线 0.1mm 刻线和毫米标尺刻线的像。

(　) 38. 调整装配法通过改变补偿件方向或位置来达到封闭环的规定精度。

(　) 39. 在模具装配上应用无机粘接法粘接零件，零件易变形。

(　) 40. 冲裁模试冲时剪切断面的光亮带太宽，甚至出现双亮带及毛刺，其原因是冲裁间隙太大。

四、简答题

41. 调整圆柱齿轮基节仪应注意什么事项？

42. 提高职工素质主要包括哪些方面？

43. 制订劳动定额有哪些具体内容？

五、计算题

44. 有一主轴，其一端有一段锥度为 7∶24 的锥孔，大端孔径为 50mm，长度为 96mm，求小端直径 d 和斜角 α 的正切值各为多少。

六、论述题

45. 叙述常用液压泵的选择原则?

标 准 答 案

一、填空题

1. 4个	2. 自动	3. 分度主轴	4. 测角	5. 4
6. 任意	7. 使用寿命	8. 刚性	9. 型面	10. 6101#

二、选择题

11. A	12. B	13. C	14. A	15. B
16. A	17. C	18. A	19. B	20. C
21. A	22. A	23. B	24. B	25. D
26. D	27. D	28. A	29. D	30. C

三、判断题

31. √	32. ×	33. √	34. ×	35. ×
36. ×	37. √	38. √	39. √	40. ×

四、简答题

41. 答：(1)用调整量具校对好零位后，就可进行测量。测量时，活动量爪与被测齿轮的基圆或基圆附近的齿面接触，固定量爪与相邻齿的同名齿廓接触，两量爪接触的连线应在活动量爪与基圆接触点的法线上。

(2)为了提高测量精度，应沿齿圈大约相隔120°的位置至少测量三个齿，其最大的基节偏差(指示表的读数)为被测齿轮的基节偏差。

(3)从指示表读得基节偏差后，应再一次用调整量具校对零值，如零值误差大于0.005mm，应重新测量。

(4)测量时，量爪与齿廓接触点的位置至少离开齿顶0.5mm，以免齿顶修缘时对测量值产生影响。

42. 答：提高职工素质就是要提高职工的思想政治觉悟、科学文化水平和技术熟练程度。

43. 答：制订劳动定额有设备方面、生产情况、生产过程方面、操作方法方面、劳动力的分配与组织方面、工作地情况方面及各种有关制度等方面的具体内容。

五、计算题

44. 解：(1) $d=D-CL=(50-96\times\frac{7}{24})\text{mm}=22\text{mm}$

(2) $\tan\alpha=\frac{K}{2}=\frac{7}{24}\times\frac{1}{2}=0.14583$

六、论述题

45. 答：(1) 选择液压泵主要是确定其油量、工作压力和结构形式等内容。

(2) 输油量可根据液压系统中各回路实际所需的最大流量以及系统中的泄漏情况来确定(可按 $Q_{泵}\geqslant K_{漏}Q_{\max}$)。

工作压力按系统中液压缸的最大工作压力来确定。

结构类型根据其各自特点和应用范围及使用环境、温度、清洁状况、安装位置、维修保养，经济性能及货源供应等来确定。

附录B 工具钳工国家职业技能标准

（2009 年修订）

1 职业概况

1.1 职业名称

工具钳工。

1.2 职业定义

操作钳工工具、钻床等设备，进行模具、夹具、量具、刃具、索具、辅具等工具(统称工具,也称工艺装备)进行零件加工和修整、组合装配、调试与修理的人员。

1.3 职业等级

本职业共设五个等级，分别为初级(国家职业资格五级)、中级(国家职业资格四级)、高级(国家职业资格三级)、技师(国家职业资格二级)、高级技师(国家职业资格一级)。

1.4 职业环境

室内，常温。

1.5 职业能力特征

具有一定的学习、表达和计算能力，具有一定的空间感、形体知觉及较敏锐的色觉，手指、手臂灵活，动作协调。

1.6 基本文化程度

初中毕业。

1.7 培训要求

1.7.1 培训期限

全日制职业学校教育，根据其培养目标和教学计划确定。晋级培训期限：初级不少于 500 标准学时；中级不少于 400 标准学时；高级不少于 300 标准学时；技师不少于 300 标准学时；高级技师不少于 200 标准学时。

1.7.2 培训教师

培训初级、中级、高级的教师应具有本职业技师以上职业资格证书或本专业中级及以上专业技术职务任职资格；培训技师的教师应具有本职业高级技师职业资格证书或本专业高级专业技术职务任职资格；培训高级技师的教师应具有本职业高级技师职业资格证书 2 年以上或本专业高级专业技术职务任职资格。

1.7.3 培训场地设备

培训场地应具有满足教学需要的标准教室和能同时安排至少 40 个工位的实操场地。实操场地应具备相应的设备及必要的工具、量具，且采光、照明、安全等设施符合作业规范。

1.8 鉴定要求

1.8.1 适用对象

从事或准备从事本职业的人员。

1.8.2 申报条件

——初级(具备以下条件之一者)

(1) 经本职业初级正规培训达规定标准学时数，并取得毕(结)业证书。

(2) 在本职业连续见习工作2年以上。

(3) 本职业学徒期满。

——中级(具备以下条件之一者)

(1) 取得本职业初级职业资格证书后，连续从事本职业工作3年以上，经本职业中级正规培训达规定标准学时数，并取得毕(结)业证书。

(2) 取得本职业初级职业资格证书后，连续从事本职业工作5年以上。

(3) 连续从事本职业工作7年以上。

(4) 取得经人力资源和社会保障行政部门审核认定的、以中级技能为培养目标的中等以上职业学校本职业(专业)毕业证书。

——高级(具备以下条件之一者)

(1) 取得本职业中级职业资格证书后，连续从事本职业工作4年以上，经本职业高级正规培训达规定标准学时数，并取得毕(结)业证书。

(2) 取得本职业中级职业资格证书后，连续从事本职业工作7年以上。

(3) 取得高级技工学校或经人力资源和保障行政部门审核认定的、以高级技能为培养目标的高等职业学校本职业(专业)毕业证书。

(4) 取得本职业中级职业资格证书的大专以上本专业或相关专业毕业生，连续从事本职业工作2年以上。

——技师(具备以下条件之一者)

(1) 取得本职业高级职业资格证书后，连续从事本职业工作4年以上，经本职业技师正规培训达规定标准学时数，并取得毕(结)业证书。

(2) 取得本职业高级职业资格证书后，连续从事本职业工作6年以上。

(3) 高级技工学校本职业(专业)毕业生和大专以上本专业或相关专业毕业生，取得本职业高级职业资格证书后连续从事本职业工作满2年。

——高级技师(具备以下条件之一者)

(1) 取得本职业技师职业资格证书后，连续从事本职业工作3年以上，经本职业高级技师正规培训达规定标准学时数，并取得毕(结)业证书。

(2) 取得本职业技师职业资格证书后，连续从事本职业工作5年以上。

1.8.3 鉴定方式

分为理论知识考试和技能操作考核。理论知识考试采用闭卷笔试方式，技能操作考核采取现场实际操作方式。理论知识考试和技能操作考核均实行百分制，成绩皆达60分及以上者为合格。技师、高级技师鉴定还须进行综合评审。

1.8.4 考评人员与考生配比

理论知识考试考评人员与考生配比为 1∶20，每个标准教室不少于 2 名考评人员；技能操作考核考评员与考生配比为 1∶3，且不少于 3 名考评员；综合评审委员不少于 5 人。

1.8.5 鉴定时间

理论知识考试时间为 90~120min；技能操作考核时间不少于 180min；综合评审时间不少于 45 min。

1.8.6 鉴定场所设备

理论知识考试在标准教室进行；技能操作考核在具备必要的工具及设备的工艺装备制造车间进行。

2 基本要求

2.1 职业道德

2.1.1 职业道德基本知识

2.1.2 职业守则

(1)遵守法律、法规和有关规定。

(2)爱岗敬业，具有高度的责任心。

(3)严格执行工作程序、工作规范、工艺文件和安全操作规程。

(4)工作认真负责，团结协作。

(5)爱护设备及工具、夹具、刀具、量具。

(6)着装整洁，符合规定；保持工作环境清洁有序，文明生产。

2.2 基础知识

2.2.1 基础理论知识

(1)识图知识。

(2)公差与配合。

(3)常用金属材料及热处理知识。

(4)常用非金属材料知识。

2.2.2 机械加工基础知识

(1)机械传动知识。

(2)机械加工常用设备知识(分类、用途、基本结构及维护保养方法)。

(3)金属切削常用刀具知识。

(4)典型零件(轴类、套类、法兰等)的加工工艺。

(5)设备润滑及切削液的使用知识。

(6)气动及液压知识。

(7)工具、夹具、量具的使用与维护知识。

2.2.3 钳工基础知识

(1)划线知识。

(2)钳工操作知识(錾削、锉削、锯削、钻铰、铰孔、攻螺纹、套螺纹、刮削、研磨等)。

2.2.4 电工知识

(1)通用设备和常用电器的种类及用途。

(2)电气传动及控制原理基础知识。

2.2.5 安全文明生产与环境保护知识

(1)现场文明生产要求。

(2)安全用电知识。

(3)安全操作与劳动保护知识。

(4)环境保护知识。

2.2.6 质量管理知识

(1)企业的质量方针。

(2)岗位的质量要求。

(3)岗位的质量保证措施与责任。

2.2.7 相关法律、法规知识

(1)《中华人民共和国劳动法》相关知识。

(2)《中华人民共和国劳动合同法》相关知识。

3 工作要求

本标准对初级、中级、高级、技师、高级技师的技能要求依次递进，高级别涵盖低级别的要求。

3.1 初级技能要求(表 B-1)

B-1 初级技能要求

职业功能	工作内容	技能要求	相关知识
一、工艺装备零件的加工	(一)划线	1. 能识读轴类、套类、盘类等简单零件的零件图 2. 能利用划线工具及分度头进行平面划线，划线公差等级达 IT13	1. 零件图的相关知识 2. 尺寸及几何公差的相关知识 3. 常用划线工具的使用方法 4. 分度头的结构和工作原理 5. 基准的选择原则 6. 划线涂料的种类和选用知识
	(二)零件加工	1. 能使用砂轮机刃磨錾子和标准麻花钻 2. 能使用錾子、手锯加工零件，錾削和锯削零件的尺寸、形状、位置公差等级达 IT14 3. 能锉削各类平面、曲面，锉削零件的尺寸、形状、位置公差等级达 IT10，表面粗糙度值达 $Ra3.2\mu m$ 4. 能进行钻孔、扩孔、锪孔作业，钻孔的孔径尺寸、形状、位置公差等级达 IT12 5. 能进行铰孔作业，铰孔的孔径尺寸、形状、位置公差等级达 IT8，表面粗糙度值达 $Ra1.6\mu m$	1. 砂轮机和钻床的安全操作知识 2. 錾子、标准麻花钻、刮刀的切削角度及刃磨要求 3. 錾子、锯条、锉刀、铰刀、刮刀的结构、规格及选用方法 4. 钻孔、扩孔、锪孔、铰孔、攻螺纹和套螺纹的基本知识 5. 刮削和研磨的工作原理和操作方法 6. 研磨剂的种类和选用原则 7. 划线样板的制作方法 8. 矫正、弯曲的基本知识

（续）

职业功能	工作内容	技能要求	相关知识
一、工艺装备零件的加工	（二）零件加工	6. 能使用丝锥、板牙分别攻、套内、外螺纹 7. 能刮削平板，公差等级达 IT3 8. 能研磨平面、孔、轴，公差等级达 IT5，表面粗糙度值达 $Ra0.8\mu m$ 9. 能制作平面划线样板 10. 能进行成形零件的粗研加工 11. 能进行矫正、弯曲作业	
	（三）零件精度测量	1. 能使用游标卡尺、千分尺、游标万能角度尺、刀口尺、直角尺、百分表、塞尺、量块等常用量具测量零件的尺寸、形状及位置精度 2. 能用比较法检验零件的表面粗糙度值	1. 游标卡尺、千分尺、游标万能角度尺、刀口尺、直角尺、百分表、塞尺、量块等常用量具的基本结构和读数原理 2. 零件尺寸、形状及位置精度的基本检测方法 3. 表面粗糙度值的检测方法 4. 量具的维护和保养知识
二、工艺装备的装配、调试	（一）装配前准备	1. 能识读简单的装配图 2. 能根据装配要求准备装配工具及清理零件 3. 能使用装配工具	1. 识读装配图的相关知识 2. 零件清理的方法 3. 扳手、旋具等各种装配工具的结构和使用知识
	（二）装配	1. 能装配各类螺纹联接 2. 能装配松键、紧键 3. 能装配各类销联接 4. 能装配各类滚动轴承、轴组 5. 能装配过盈连接 6. 能进行铆接、粘接作业 7. 能装配固定式钻床夹具 8. 能装配单工序冲裁模	1. 螺纹联接的类型、应用特点和防松装置的相关知识 2. 平键、半圆键、楔键的配合类型和选用知识 3. 销的种类和销联接的装配方法 4. 过盈连接的装配方法 5. 滚动轴承的结构、代号和选用方法 6. 滚动轴承及其轴组的装配方法 7. 铆接、粘接的基本知识 8. 工件定位的基本知识 9. 钻床夹具的分类和典型结构 10. 固定式钻床夹具的装配方法和要点 11. 冲裁模的分类和典型结构 12. 冲裁工艺 13. 冲裁模零件的结构和选用 14. 冲裁模的主要技术要求 15. 单工序冲裁模的装配方法和要点
	（三）调试	1. 能将固定式钻床夹具、单工序冲裁模安装在工作设备上 2. 能调试固定式钻床夹具 3. 能调试单工序冲裁模	1. 压力机的结构和操作方法 2. 将冲裁模安装在压力机上的方法及安全知识 3. 钻床夹具、冲裁模的调试方法

（续）

职业功能	工作内容	技 能 要 求	相 关 知 识
三、工艺装备的维修	（一）故障分析和检查	1. 能检查钻床夹具的定位元件、引导元件磨损及夹紧装置失效等故障 2. 能检查冲裁模的工作零件、卸料机构的故障	1. 钻床夹具常见故障的检查方法 2. 冲裁模常见故障的检查方法
	（二）修理	1. 能根据工作规程对简单的夹具和模具进行日常的维护和检查 2. 能拆卸工艺装备 3. 能更换工艺装备的标准件和易损件，如弹簧、定位销、螺钉等 4. 能完成工艺装备滑动、滚动及传动件的润滑和防锈工作	1. 夹具和模具的维护和检查知识 2. 工艺装备的拆卸方法和注意事项 3. 滑动、滚动及传动件的润滑和防锈知识

3.2 中级技能要求（表B-2）

表B-2 中级技能要求

职业功能	工作内容	技 能 要 求	相 关 知 识
一、工艺装备零件的加工	（一）划线	1. 能识读较复杂的零件图 2. 能对轴承座、箱体等零件进行找正和立体划线，划线公差等级达IT13 3. 能进行合理的借料	1. 立体划线的步骤 2. 找正与借料的方法
	（二）零件加工	1. 能锉削各类平面、曲面，尺寸、形状、位置公差等级达IT9，表面粗糙度值达 $Ra1.6\mu m$ 2. 能刃磨群钻，钻孔的孔径尺寸、形状、位置公差等级达IT11 3. 能研磨铰刀，铰孔的孔径尺寸、形状、位置公差等级达IT7，表面粗糙度值达 $Ra1.6\mu m$ 4. 能刮削平板，公差等级达IT2 5. 能研磨平面、孔、轴，公差等级达IT4，表面粗糙度值达 $Ra0.4\mu m$ 6. 能手工制作平面工作样板、卡板 7. 能制作公差等级为IT4的塞规、环规 8. 能对圆形、仿形等简单模具型面进行细研加工 9. 能对零件进行抛光作业 10. 能用电动、风动工具对零件表面进行修整加工	1. 群钻的种类与刃磨方法 2. 铰刀的研磨方法 3. 工作样板、卡板的制作知识，光滑塞规、环规的制造知识 4. 零件抛光的设备及操作方法 5. 电动、风动工具的结构原理、使用方法与安全操作知识 6. 模具钢的选用知识、热处理知识
	（三）零件精度测量	1. 能用间接测量法检测零件精度 2. 能用涂色法检验零件精度 3. 能用水平仪、正弦规、角度量块测量零件的尺寸、形状、位置精度	1. 间接测量的方法 2. 涂色检验零件精度的方法 3. 水平仪、正弦规、角度量块的使用方法

（续）

职业功能	工作内容	技能要求	相关知识
二、工艺装备的装配、调试	（一）装配前准备	1. 能看懂装配系统图和装配工艺卡 2. 能进行装配精度的检测 3. 能对旋转体进行静平衡试验	1. 装配工艺的相关知识 2. 装配精度的检测方法 3. 尺寸链的概念及其计算方法 4. 旋转体的平衡知识及静平衡的方法和步骤
	（二）装配	1. 能装配简单的冲裁复合模、级进模 2. 能装配单工序弯曲模、拉深模、成形模及其他单工序冲模 3. 能装配单分型面（二板式）注射模及其他简单型腔模 4. 能装配钻床、车床、铣床夹具 5. 能装配普通的液压、气动元件及液压、气动控制阀 6. 能安装各种液压、气动辅件	1. 冲裁复合膜、级进模的结构和装配方法 2. 弯曲工艺、拉深工艺、成形工艺 3. 弯曲模、拉深模、成形模等冲模的结构、主要技术要求和装配方法 4. 塑料成型工艺 5. 型腔模的分类和典型结构 6. 注射模的主要技术要求 7. 单分型面（二板式）注射模的装配方法 8. 钻床、车床、铣床夹具的分类和典型结构 9. 钻床、车床、铣床夹具的装配方法 10. 液压、气动元件的种类和功能 11. 液压、气动控制阀的结构原理 12. 液压、气动基本控制回路的工作原理
	（三）调试	1. 能将各类模具、夹具安装在工作设备上 2. 能调试简单的冲裁复合模、级进模及单工序弯曲模、拉深模、成形模等各类冲模 3. 能调试单分型面（二板式）注射模及其他简单型腔模 4. 能调试钻床、车床、铣床夹具	1. 将模具安装在液压机、注射机、压铸机上的方法 2. 将夹具安装在钻床、车床、铣床上的方法 3. 钻床、车床、铣床夹具的调试方法 4. 各类冲模、型腔模的调试方法
三、工艺装备的维修	（一）故障分析和检查	1. 能分析夹具定位误差过大、引导不良、夹紧装置失效等故障的产生原因 2. 能分析冲模定位不良、卸料不顺、导料不畅等故障的产生原因 3. 能分析型腔模脱模不顺、切削液渗漏、顶杆折断等故障的产生原因	1. 常见夹具故障的分析方法 2. 常见冲模故障的分析方法 3. 常见型腔模故障的分析方法
	（二）修理	1. 能修理夹具定位误差过大、引导不良、夹紧装置失效等故障 2. 能修理冷却模定位不良、卸料不顺、导料不畅等故障 3. 能修理型腔模脱模不顺、切削液渗漏、顶杆折断等故障 4. 能对需要更换的夹具、模具零件进行测绘 5. 能对工作零件的磨损进行修复	1. 常用夹具的修理方法 2. 常用冲模的修理方法 3. 常用型腔模的修理方法 4. 零件的测绘知识 5. 零件磨损的修复方法

3.3 高级技能要求(表 B-3)

表 B-3 高级技能要求

职业功能	工作内容	技能要求	相关知识
一、工艺装备零件的加工	(一)划线	1. 能进行畸形工件的划线 2. 能对多孔系箱体进行立体划线	1. 凸轮和阿基米德螺旋线的划线方法 2. 多孔系箱体的划线要点
	(二)零件加工	1. 能完成锉削作业，锉削的尺寸、形状、位置公差等级达 IT8，表面粗糙度值达 $Ra1.6\mu m$ 2. 能完成铰孔作业，铰孔的孔径尺寸、形状、位置公差等级达 IT6，表面粗糙度值达 $Ra0.8\mu m$ 3. 能完成钻孔作业，钻孔的孔径尺寸、形状、位置公差等级达 IT10 4. 能钻削斜孔、相交孔，使用枪钻加工切削液孔、加热管孔等超深孔 5. 能钻削加工高硬度、高韧性材料 6. 能刮削平板、方箱，公差等级达 IT1 7. 能研磨量规、塞规、环规及其他机械零件，公差等级达 IT3 8. 能研磨成形车刀、铣刀等刀具	1. 提高钻孔精度的方法 2. 斜孔、相交孔、深孔的加工方法 3. 枪钻的结构原理和操作方法 4. 高硬度、高韧性材料孔的加工方法 5. 刮削高精度平板、方箱的方法 6. 研磨高精度零件的方法 7. 成形刀具的研磨方法和要点
	(三)零件精度测量	1. 能检测曲线样板、成形刀具的精度 2. 能用针描法测量零件的表面粗糙度值	1. 投影仪的结构原理和使用方法 2. 电子轮廓仪的原理和使用方法
二、工艺装备的装配、调试	(一)装配前准备	1. 能对高速旋转机床夹具、大尺寸的刀盘进行动平衡 2. 能利用液压合模检测机检验模具的配合精度	1. 旋转件的动平衡方法 2. 液压合模检测机的结构原理和操作方法
	(二)装配	1. 能完成镗床、磨床等高精度机床夹具的装配 2. 能根据零件加工要求选择标准元件进行组合夹具的装配 3. 能装配三工序复合模、四工步级进模 4. 能装配三板式、侧向分型、热流道等结构的注射模及其他复杂程度相当的型腔模 5. 能装配较复杂的气动、液压装置	1. 典型镗床、磨床夹具的装配要点 2. 组合夹具元件的选用原则和装配方法 3. 典型三工序复合模、四工步级进模的装配要点 4. 三板式、侧向分型、热流道等结构的注射模的装配要点 5. 气动、液压的相关知识
	(三)调试	1. 能调试镗床、磨床等高精度机床夹具 2. 能调试组合夹具 3. 能调试三工序复合模、四工步级进模 4. 能调试三板式、侧向分型、热流道等结构的注射模及其他复杂程度相当的型腔模 5. 能调试较复杂的气动、液压装置	1. 镗床、磨床夹具的调试要点 2. 将夹具安装在镗床、磨床上的方法 3. 组合夹具的调试要点 4. 三工序复合模、四工步级进模的调试方法 5. 三板式、侧向分型、热流道等结构的注射模的调试方法 6. 液压机、注射机的操作方法

（续）

职业功能	工作内容	技能要求	相关知识
三、工艺装备的维修	（一）故障分析和检查	1. 能根据零件的加工质量判断镗床、磨床夹具故障的原因 2. 能根据制件质量（毛刺、回弹、起皱、拉裂及尺寸精度等）判断冲模故障的原因 3. 能根据制件质量（变形、缺陷及尺寸精度等）判断型腔模故障的原因	1. 镗床、磨床夹具的常见故障现象和原因 2. 冲模制件的常见质量问题和产生原因 3. 型腔模制件的常见质量问题和产生原因
	（二）修理	1. 能修理镗床、磨床等高精度机床夹具 2. 能修理组合夹具 3. 能修理三工序复合模、四工步级进模 4. 能修理三板式、侧向分型、热流道等结构的注射模及其他复杂程度相当的型腔模 5. 能修理较复杂的气动、液压装置	1. 镗床、磨床等高精度机床夹具的修理方法 2. 组合夹具的修理要点 3. 较复杂复合模、级进模的修理要点 4. 较复杂注射模、型腔模的修理要点 5. 较复杂气动、液压装置的修理要点

3.4 技师技能要求（表 B-4）

表 B-4 技师技能要求

职业功能	工作内容	技能要求	相关知识
一、工艺装备零件的加工	（一）划线	1. 能用拼凑大型平台法进行大型复杂零件的划线 2. 能用吊线、拉线法进行大型复杂零件的划线	1. 平直仪的使用方法 2. 准直望远镜的使用方法
	（二）零件加工	1. 能完成锉削作业，锉削的尺寸、形状、位置公差等级达 IT7，表面粗糙度值达 $Ra0.8\mu m$ 2. 能刮削平板、方箱，公差等级达 IT0 3. 能研磨量块、量规及其他检测量具、机械零件，公差等级达 IT1 4. 能进行型腔表面的超精加工 5. 能加工高精度空间孔系 6. 能根据机械零件的加工要求设计夹具	1. 型腔表面超精加工的相关方法 2. 空间孔系的加工方法 3. 夹具设计的基本知识
	（三）零件精度测量	能利用激光干涉仪、三坐标测量机对机械零件的加工和装配精度进行检测	激光干涉仪、三坐标测量机的工作原理和操作方法
二、工艺装备的装配、调试	（一）装配前准备	能编写模具、夹具的装配工艺规程	模具、夹具装配工艺规程的制订原则和方法
	（二）装配	1. 能装配大中型（外形尺寸大于 300mm×300mm）精密专用检具（如汽车覆盖件、大型模具成形零件的专用检具）	1. 大中型精密专用检具的装配要点 2. 带气动抽芯、液压抽芯、机动旋转脱模等机构的复杂型腔模的装配方法

（续）

职业功能	工作内容	技能要求	相关知识
二、工艺装备的装配、调试	（二）装配	2. 能装配带气动抽芯、液压抽芯、机动旋转脱模等机构的复杂型腔模 3. 能装配高速自动成型注射模及其他复杂程度相当的型腔模 4. 能装配精密可调夹具、精密分度夹具等精密专用夹具 5. 能装配自动线夹具 6. 能装配四工序复合模、六工步级进模 7. 能装配数控机床夹具 8. 能对工艺装备进行验收、鉴定	3. 精密可调夹具、精密分度夹具等精密专用夹具的装配方法 4. 自动线夹具的装配方法 5. 复杂冲模的装配方法 6. 数控机床夹具的结构特点 7. 数控机床的特点和基本组成 8. 数控机床的基本工作原理 9. 数控铣床的基本编程和操作知识 10. 工艺装备的验收、鉴定知识
	（三）调试	1. 能调试大中型精密专用检具 2. 能调试带气动抽芯、液压抽芯、机动旋转脱模等机构的复杂型腔模 3. 能调试精密可调夹具、精密分度夹具等精密专用夹具 4. 能调试自动线夹具 5. 能调试四工序复合模、六工步级进模	1. 大中型精密专用检具的调试方法 2. 带气动抽芯、液压抽芯、机动旋转脱模等机构的复杂型腔模的调试方法 3. 精密可调夹具、精密分度夹具等精密专用夹具的调试方法 4. 自动线夹具的调试方法 5. 复杂冲模的调试方法
三、工艺装备的维修	（一）故障分析和检查	1. 能根据制件质量缺陷分析判断复杂工艺装备的故障原因 2. 能制订复杂工艺装备的修理方案	复杂工艺装备修理方案的制订方法
	（二）修理	1. 能修理复杂的夹具、模具等工艺装备 2. 能对工艺装备提出改进的意见与措施	工艺装备的改进措施
四、培训与管理	（一）职业培训	能指导本职业初级、中级、高级工进行实际操作	培训、授课的基本方法
	（二）生产管理	1. 能在本职业工作中认真贯彻各项质量标准 2. 能组织有关人员协同作业 3. 能协助上级领导进行生产计划、人员调度的管理	1. 企业生产相关的质量标准 2. 生产管理基本知识

3.5　高级技师技能要求(表 B-5)

表 B-5　高级技师技能要求

职业功能	工作内容	技能要求	相关知识
一、工艺装备的装配、调试	(一)装配前准备	1. 能编写大型、复杂、精密模具、夹具的装配工艺规程 2. 能使用模具设计软件完成模具的设计	1. 模具设计的基本知识 2. 模具设计软件的应用知识
	(二)装配	1. 能装配具复杂型腔的精密注射模及其他精密、复杂程度相当的型腔模 2. 能装配八工步级进模、五工序复合模 3. 能装配高精密度数控机床夹具 4. 能装配其他大型、复杂、精密的夹具、模具	1. 高精度镶拼件的装配方法 2. 具复杂型腔的精密注射模的装配方法 3. 汽车覆盖件冲压模具的装配方法
	(三)调试	1. 能调试具复杂型腔的精密注射模及其他精密、复杂程度相当的型腔模 2. 能调试八工步级进模、五工序复合模 3. 能调试高精度数控机床夹具 4. 能调试大型、复杂、精密的专用夹具 5. 能调试大型、高速、精密的各类模具	1. 汽车覆盖件冲模的调试方法 2. 精密注射模的调试方法
二、工艺装备的维修	(一)故障分析和检查	1. 能分析判断大型、复杂、精密夹具、模具的故障 2. 能编写大型、复杂、精密夹具、模具的修理方案	1. 汽车覆盖件冲模、精密注射模故障的分析和判断 2. 制订大型、复杂、精密夹具、模具修理方案的注意事项
	(二)修理	1. 能修理大型、复杂、精密的专用夹具 2. 能修理大型、高速、精密的各类模具	1. 汽车覆盖件冲模的修理方法 2. 精密注射模的修理方法
三、培训与管理	(一)职业培训	1. 能指导本职业技师进行实际操作 2. 能讲授本专业技术理论知识 3. 能编制培训讲义 4. 能指导本职业技师编写论文和技术总结 5. 能推广新材料、新工艺、新技术、新设备的应用	1. 培训讲义的编制方法 2. 技术总结、论文的格式和编写要求 3. 现代新材料、新工艺、新技术、新设备的应用知识
	(二)生产管理	1. 能运用质量管理知识完成工艺装备生产过程的质量控制 2. 能进行生产计划、人员调度的管理 3. 能进行产品加工成本的预算、决算	1. 质量管理知识 2. 工艺装备生产过程质量控制的方法 3. 产品加工成本的预算、决算知识

4 比重表

4.1 理论知识比重表(表B-6)

表 B-6 理论知识比重表

项目		初级(%)	中级(%)	高级(%)	技师(%)	高级技师(%)
基本要求	职业道德	5	5	5	5	5
	基础知识	25	20	15	10	5
相关知识	工艺装备零件的加工	35	35	30	20	-
	工艺装备的装配、调试	25	30	35	40	50
	工艺装备的维修	10	10	15	15	20
	培训与管理	-	-	-	10	20
合计		100	100	100	100	100

4.2 技能操作比重表(表B-7)

表 B-7 技能操作比重表

项目		初级(%)	中级(%)	高级(%)	技师(%)	高级技师(%)
技能要求	工艺装备零件的加工	60	50	40	25	-
	工艺装备的装配、调试	30	35	40	45	55
	工艺装备的维修	10	15	20	20	25
	培训与管理	-	-	-	10	20
合计		100	100	100	100	100

附录C 钳工常用计算公式

一、圆的内接、外切多边形的几何尺寸

$$C=2R\sin\frac{180°}{n}=2r\tan\frac{180°}{n}$$

$$R=\frac{C}{2\sin\frac{180°}{n}}=\frac{r}{\cos\frac{180°}{n}}$$

$$r=\frac{C}{2}\cot\frac{180°}{n}=R\cos\frac{180°}{n}$$

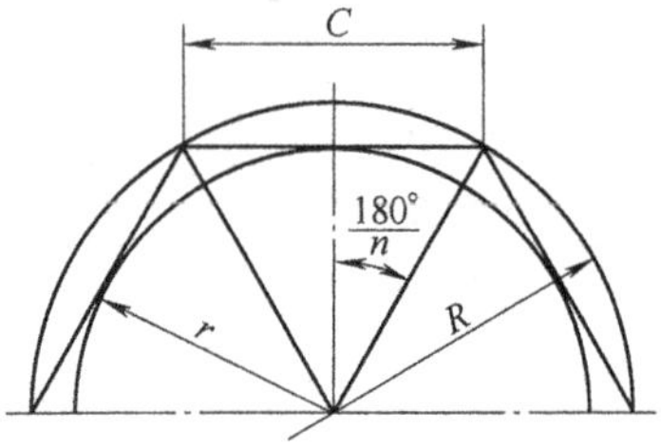

图 C-1 圆的内接、外切多边形

式中 n——多边形的边数。

二、燕尾间接测量计算

当要求尺寸为 A 时

$$M=A-C\cot\alpha+\frac{D}{2}\left(1+\cot\frac{\alpha}{2}\right)$$

当要求为尺寸 B 时

$$M=B+\frac{D}{2}\left(1+\cot\frac{\alpha}{2}\right)$$

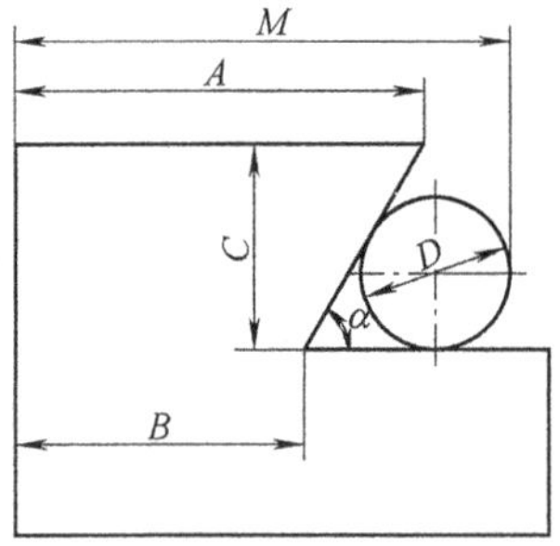

图 C-2 燕尾

式中 M——测量读数值(mm)；

D——圆柱测量棒直径(mm)。

三、V 形间接测量计算

当要求尺寸为 L 时

$$M=N-\frac{L}{2}\cot\frac{\alpha}{2}+\frac{D}{2}\left(1+\frac{1}{\sin\frac{\alpha}{2}}\right)$$

当要求尺寸为 H 时

$$M=H+\frac{D}{2}\left(1+\frac{1}{\sin\frac{\alpha}{2}}\right)$$

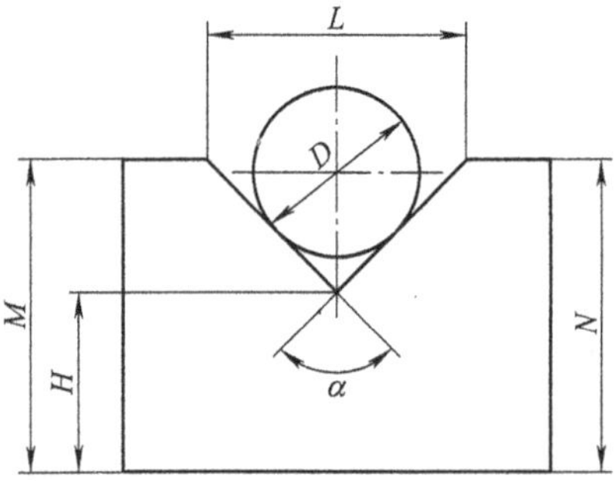

图 C-3 V 形

式中 M——测量读数值(mm)；

D——圆柱测量棒直径(mm)。

四、用正弦规测量工件角度时垫入量块高度 *h* 的计算

$$h = L\sin\alpha$$

式中 L——两圆柱中心距离；

α——工件角度。

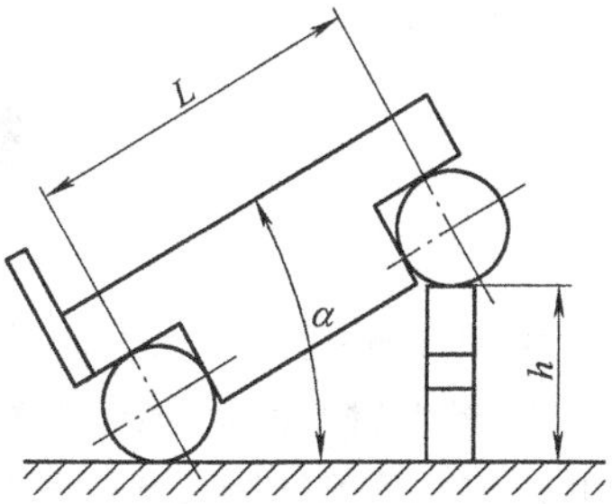

图 C-4 量块高度

五、钻床转速的选择

$$n = \frac{1000v}{\pi d}(\mathrm{r/min})$$

式中 v——切削速度(mm/min)；

d——钻头直径(mm)。

用高速钢钻头钻铸件时，$v = 14 \sim 22\mathrm{mm/min}$；钻钢件时，$v = 16 \sim 24\mathrm{mm/min}$。

六、米制螺纹、寸制螺纹底孔直径经验计算公式

	米制螺纹	寸制螺纹
脆性材料	$D_{底} = D - 1.05P$	$D_{底} = 25(D - \frac{1}{n})$
韧性材料	$D_{底} = D - P$	$D_{底} = 25(D - \frac{1}{n}) + 0.2 \sim 0.3$

式中 $D_{底}$——底孔直径(mm)；

D——螺纹大径(mm)(寸制单位为 in[⊖])；

P——螺距(mm)；

n——每英寸牙数。

七、不通孔螺纹底孔钻孔深度的计算公式

$$L = l + 0.7D$$

式中 L——钻孔深度(mm)；

l——所需螺纹深度(mm)；

D——螺纹大径(mm)。

八、套螺纹圆杆直径的计算公式

$$d = D - 0.13P$$

式中 d——钻头直径(mm)；

D——螺纹大径(mm)；

P——螺距(mm)。

⊖ 英寸，1in = 0.0254m。

参 考 文 献

[1] 王德洪. 钳工技能实[M]. 北京：人民邮电出版社，2010.
[2] 温上樵. 杨冰 钳工基本技能项目教程[M]. 北京：机械工业出版社，2008.
[3] 尤祖源. 钳工实习与考级[M]. 北京：高等教育出版社，1996.
[4] 逯萍. 钳工工艺学[M]. 北京：机械工业出版社，2008.
[5] 葛金印. 机械制造技术基础——基本常识[M]. 北京：高等教育出版社，2004.
[6] 机械工业职业技能鉴定指导中心. 钳工技术[M]. 北京：机械工业出版社，1999.